부석사DNA

법성게의 구현, 오름으로 화엄의 시·공간을 탐색하다.

문정필 · 한주희 저

엔북스

부석사DNA

인 쇄 | 2025년 6월 19일
발 행 | 2025년 6월 26일
지은이 | 문정필·한주희
펴낸이 | 김태완
펴낸곳 | 앤북스
　　　　　47103 부산광역시 부산진구 월드컵대로472번길 30
　　　　　T. 051)852-0786　E. trendup@hanmail.net
편집·디자인 | 디자인앤

ⓒ 2025. 문정필·한주희　ISBN 979-11-93689-05-9 (93600)
정 가 / 15,000원

※ 이 책의 무단전재 및 복제행위는 저작권법에 의거, 처벌의 대상이 됩니다.

부석사 DNA

법성게의 구현, 오름으로 화엄의 시·공간을 탐색하다.

문정필 · 한주희 저

언북스

의상조사 법성게

法性圓融無二相법성원융무이상	오묘하고 원만한 법 둘이 없나니
諸法不動本來寂제법부동본래적	본바탕 고요하고 산 같은 진리
無名無相絶一切무명무상절일체	이름과 모양다리 모다 없나니
證智所知非餘境증지소지비여경	아름아리 누가 있어 증명할거나
眞性甚深極微妙진성심심극미묘	깊고도 현묘할손 진리의 성품
不守自性隨緣成불수자성수연성	내 성품 못 벗으면 인연 따라 이루네
一中一切多中一일중일체다중일	하나에 모다 있고 많은데 하나 있어
一卽一切多卽一일즉일체다즉일	하나 곧 모다이고 모다 곧 하나이니
一微塵中含十方일미진중함시방	한 티끌 작은 속에 세계를 머금었고
一切塵中亦如是일체진중역여시	낱낱의 티끌마다 세계가 다 들었네
無量遠劫卽一念무량원겁즉일념	한없는 긴 시간이 한 생각 찰나이고
一念卽是無量劫일념즉시무량겁	찰나의 한 생각이 무량한 긴 겁이니
九世十世互相卽구세십세호상즉	가엾고 넓은 세계 엉킨 듯 한덩이요
仍不雜亂隔別成잉불잡란격별성	그러나 따로따로 뚜렷한 만상일세
初發心時便正覺초발심시변정각	처음 내킨 그 마음이 부처를 이룬 때고
生死涅槃相共和생사열반상공화	생사와 열반의 본바탕이 한 경계니
理事冥然無分別이사명연무분별	있는 듯 이사 분별 흔연히 없는 그곳
十佛普賢大人境십불보현대인경	시방 제불 나투신 부사의 경계로세
能仁海印三昧中능인해인삼매중	부처님 해인삼매 그 속에 나툼이여
繁出如意不思議번출여의부사의	쏟아 놓은 부처님 뜻 그 속에 부사의여
雨寶益生滿虛空우보익생만허공	이로운 법의 비는 허공에 가득하여
衆生隨器得利益중생수기득이익	제 나름의 중생들도 온갖 원 얻게하네
是故行者還本際시고행자환본제	행자가 고향으로 깨달아 돌아가면
巴息妄想必不得파식망상필부득	망상을 안쉴려도 안쉴길 바이없네
無緣善巧捉如意무연선교착여의	무연의 방편으로 여의보 찾았으니
歸家隨分得資糧귀가수분득자량	자기의 생각대로 재산이 풍족하네
以陀羅尼無盡寶이다라니무진보	다라니 무진보배 끝없이 써서
莊嚴法界實寶殿장엄법계실보전	불국토 법 왕궁을 여실히 꾸미고서
窮坐實際中道床궁좌실제중도상	중도의 해탈좌에 그윽히 앉았으니
舊來不動名爲佛구래부동명위불	옛부터 동함없이 그 이름 부처일세

「화엄일승법계도」에 구성된 법성게는 부석사의 건축개념이었음을 이 책에서 밝힙니다.

배경: 유네스코 세계문화유산에 등재된 사찰, DNA기획 4번째 시리즈

이 책은 유네스코 세계문화유산에 등재된 사찰 중 영주 부석사 浮石寺의 역사와 전통, 의상의 화엄사상이 구현된 건축의 유전자적 가치를 찾고자 한다.

부석사DNA는 유네스코 세계문화유산에 등재된 사찰의 'DNA기획 시리즈' 중 4번째로 저술한 책이다. 저자는 '부석사DNA' 저술에 앞서 '불국사DNA(2018)', '통도사DNA(2021)', 봉정사DNA(2024)'를 저술하였다.

이번 저술을 위해 "부석사 창건과 무량수전에 구성된 사회적 이념(2023.03)", "부석사의 시·공간에 구현된 의상의 「화엄일승법계도」(2023.09)", "전통사상이 구현된 부석사의 시·공간적 표현(2024.09)", "한국 누각 건축의 소통과 변화(2025.03.)"라는 주제로 학술지(KCI)에 게재하였다. 특히, 이 중 2023.09 논문과 2024.09 논문은 공동저자 중 한 명인 한주희 박사논문(부석사 가람배치의 시·공간성에 관한 연구, 2025.02.)의 핵심 내용이다.

제목: 부석사DNA

부석사는 신라 문무왕 16년(676) 의상에 의해 창건된 화엄종 사찰이다. 부석사는 창건 이후 흥망성쇠기를 거쳐오면서 2018년에는 유네스코 세계문화유산에 등재됨으로 예술적·종교적 가치를 인정받았다. 소백산 국립공원의 봉황산 기슭에 자리 잡은 부석사는 창건설화, 정토사상, 화엄사상, 풍수지리설, 민간신앙들이 융합되어 건축적 구현을 이루었고, 오름의 과정을 통해 절정과 여운에 이르는 화엄과 정토의 시·공간적 건축문화로 승화되었다. 부석사는 화엄의 시·공간을 전해주고 창건 이후 지금까지 백두산에서 연결된 태백산맥, 소백산맥의 기상으로 한민족의 가슴을 장쾌하게 열어주었다. 삼국통일 이후에 창건된 부석사는 한민족의 진정한 합심을 위해, 의상이 우리 국토의 아름다움을 화엄으로 전한 유서 깊은 유전자를 품고 있다. 그러므로 이 책의 이름을 '**부석사 DNA**'로 정했다.

목적: 부석사 유전자 해석, 전통사상의 지속가능성 계승

이 책은 영주 부석사에 관한 입지, 창건부터 현재까지의 역사, 의상의 「화엄일승법계도」에 담긴 화엄사상, 가람배치와 전통사상, 건축술에 대해 정리하였다. 의상의 화엄사상은 그가 지은 「화엄일승법계도」의 내용인 '법성게'에 함축되어 있는데 상호연결·침투, 연기, 자비, 지혜로움이 부석사의 건축적 개념으로 작용하였다. 의상의 화엄사상은 부석사를 중심으로 설파되었으므로 해동화엄종찰이라 불렀으며, 의상을 해동화엄초조라 했다.

의상은 현재불로 중생 구제를 서원한 미래불인 아미타불에 실제적 귀의가 가능하도록 무량수전 영역을 강조했다. 그러므로 무량수전은 부석사의 중심 건물이 된다. 이 건물은 고려시대 건축의 정수를 보여준다. 건축 양식은 배흘림기둥, 주심포 양식으로 지어졌으며, 안쏠림과 귀솟음으로 후림과 조로가 분명해 날렵한 귀추녀의 역동성을 보여준다. 이러한 역동성을 근경으로 전각 앞마당에 끝없이 펼쳐진 산맥의 능선들을 원경으로 어울려진 풍광을 시야에 담았다.

부석사의 위치와 무량수전의 배치에는 창건설화와 관련된 용신신앙, 불교신앙에서 용의 의미, 자생적 풍수지리사상, 불교 풍수, 장엄한 극락정토의 이상, 민간신앙 등으로 통일신라 문무왕조가 요구하는 사회적 이념을 드러낸다. 풍수지리설에서 말하는 명당을 최상의 권력자가 아닌 일반 백성들이 공간을 공유해 한민족의 소통성을 확립한 정치·종교·사회상의 DNA가 존재한다.

부석사는 고려시대 때 찬란했던 불교 융성의 절정을 맞이했고 조선시대에는 숭유억불의 시대를 거치고 일제강점기를 지나면서 쇠락했지만, 현대에 들어와 재정비되어 유지되고 있다. 이렇게 위대한 부석사는 2018년 유네스코 세계유산으로 등재되어 한국인에게 사무치는 아름다움을 전하는 사찰로 지속되고 있다.

본서는 부석사 창건 목적이 삼국통일을 이룬 한민족의 진정한 합심을 화엄으로 승화하려는 유전자를 밝혀 향후 통일을 위한 정신·문화적 가치를 계승하고자 하는 발원의 목적을 가진다.

▷ 목적

구성: 6부 13장

이 책은 6부 13장으로 구성하여 정보화와 지속가능성을 추구하는 현대사회의 관점에서 부석사만이 갖는 역사와 전통사상이 구현된 DNA적 가치를 찾고자 한다.

1부는 부석사의 입지, 화엄, 아름다움 등 건축적 유전자를 추적하고 전개한다.

1장은 영주 부석사의 입지와 화엄, 창건 시대의 배경과 화엄종 사찰의 표현, 의상이 지은 「화엄일승법계도」, 미래불을 강조한 부석사에 대해 전개한다.

2장은 부석사의 아름다움을 전개한다. 화엄종찰로서 부석사의 아름다움, 풍수지리설에 의한 명당으로서 자연환경과의 조화, 무량수전의 아름다움, 산세와 비상하는 누각의 조화에 대해 전개하였다.

2부는 용신앙, 풍수지리설, 민간성지와 융합한 부석사의 사회적 체계를 해석한다.

3장은 부석사 창건 설화를 해체하여 논의하였다. 부석사 창건의 시대·지리적 배경, 불교와 만난 용신·풍수지리·민간성지사상에 대해 고찰하고 용신사상이 반영된 창건설화, 부석사 입지와 풍수지리설, 민간 성지에 화엄종과 정토사상이 정착한 내용을 분석하여 신라의 정치·사회상이 반영된 부석사를 논의하였다.

4장은 부석사 창건과 무량수전에 구성된 정서를 밝혀 보고자 하였다. 용신사상의 사실적 차원, 풍수지리설의 사회적 차원, 정토사상의 시간적 차원을 종합하여 부석사 창건과 무량수전에 구성된 사회상을 정서적으로 정립하였다.

3부는 부석사를 해동화엄종찰, 의상을 해동화엄초조라 하는 근본성을 분석한다.

5장은 의상의 「화엄일승법계도」와 부석사의 건축개념에 대해 분석하고자 하였다. 이장은 화엄일승사상을 표현한 부석사, 「화엄일승법계도」를 적용한 부석사의 해석 전개, 물질·공간·시간과 우주 본질의 통찰, 오름의 이타적 수행과 해인삼매, 완전한 깨달음에서 오는 극락세계의 공존, 부석사의 건축개념인 「화엄일승법계도」에 대해 분석하였다.

6장은 「화엄일승법계도」로 본 부석사의 시·공간에 대해 종합화 하였다. 부석사의 일반적 순례와 시·공간, 하로영역에서 과거불의 가르침, 중로영역에서 해인삼매의 현세불, 상로영역에서 완전한 깨달음의 미래불이라는 요소로 종합화하여 「화엄일승법계도」로 본 부석사의 시·공간을 도출하였다.

4부는 부석사 가람배치에 깃든 전통사상에 대한 가치를 추구한다.

7장은 전통사상으로 구성된 부석사 가람배치에 대한 주제를 상정한다. 먼저 전통사상이 반영된 부석사의 가람에 대해 전개하고 탑과 누각에 대한 문제의식, 불교적 정치·사회와 전통사상, 일탑식가람과 산지가람의 결합된 다불전, 이전한 3층쌍탑과 산지가람의 역사적 현전, 산지가람과 누각의 정체성을 구성 요소로 분석하였다.

8장은 전통사상을 계승한 가람배치를 시·공간으로 종합화 하였다. 7장의 내용을 재분석하여 화엄·불이사상의 다불전 구현, 연기법과 부석사의 흥망성쇠, 풍수지리설과 불교풍수의 종합적 관계를 통하여 부석사 가람배치에 나타난 전통사상의 시·공간을 도출하였다.

5부는 누각을 배경으로 한 공간의 소통과 변화 그리고 부석사의 지속가능성을 알아본다.

9장은 부석사 순례 과정에서 동선과 시각적 요소로 작용하는 누각의 가치를 논의하고자 소통적 관점으로 본 불교 누각의 영향과 유교 누각에 대한 주제로 전개하였다. 전통 누각의 공간 문화적 전개, 불교·유교 누각의 일반적 변화, 불교 누각의 건축적 의미, 유교 누각의 건축적 의미를 고찰하고 불교 누각의 소통성, 불교 누각에서 유교와의 소통성, 유교 누각의 소통성으로 구분하여 분석하였다.

10장은 유·불 누각에 나타난 건축문화의 지속성으로 종합화하였다. 전통사회의 변화에서 본 누각을 문화적 관점에서 바라볼 때, 불교 누각의 지속성은 화엄·정토사상이 문화적으로 승화되었기 때문이며. 조선의 숭유억불 시대는 사찰의 누각에서 유·불의 소통 문화로 발달하였고, 유교 누각은 수양과 사회적 소통 문화가 발달했다는 종합적 가치를 이룬다. 이러한 누각의 소통성과 변화가 건축문화로 지금까지 계승되고 있다는 것을 밝힌다.

11장은 지금까지의 내용에서, 지속 가능한 부석사에 대한 여러 요소를 추출하여 정리하였다. 그것은 한국적 화엄으로 작용하는 「화엄일승법계도」, 아름다움을 표현한 화엄의 공간, 화엄사상과 풍수지리설의 공통적 가치, 전통사상을 계승한 탑과 누각, 백성들과 함께하는 명당공간이라는 구성요소로 구분하여 논의하였다.

6부는 부석사DNA의 도출과 미래가치로 결론에 이르렀다.

12장은 부석사 DNA를 정의하기 위해 역사와 전통의 존속, 시간의 흐름으로 본 부석사로 정립하였다.

13장은 부석사의 미래가치를 위해 부석사로 변환된 「화엄일승법계도」, 명당에 대한 불교의 공간적 나눔 문화, 화엄 전파를 의미화한 누각으로 구분하여 현대건축에 적용할 전통의 사상적 가치를 도출하였다.

이 책의 핵심은 해동화엄종찰로 불리는 부석사에 대해 해동화엄초조라 칭하는 의상의 화엄사상 즉, 「화엄일승법계도」가 건축적 개념으로 구현되었다는 정체성을 밝혀내고자 했다. 또한, 부석사는 창건의 시대적 상황, 지리적 배경, 불교와 만난 풍수지리설, 민간성지, 신화, 설화 등과 부합된 전통사상이 화엄사상과 조화되어 조사당을 시작으로 무량수전과 누각, 탑 등이 조성되어 장쾌한 아름다움으로 지속되어 온 시·공간적 가치를 드러내고자 했다. 그리고 삼국통일 이후 백성들의 합심을 화엄으로 승화시킨 부석사의 장소성을 되살리고자 했다. 이러한 시·공간적 요소를 품은 부석사는 전통이 문화사상적으로 작동될 수 있는 지속가능한 가치를 도출해 현대건축에도 적용되는 가치를 부여할 것이다.

저자

머리말 • 06

부석사, 입지와 아름다움의 DNA

1. 영주 부석사의 전개 • 21

    1.❶ 부석사의 입지와 화엄 • 22
    1.❷ 창건 시대의 배경과 화엄종 사찰의 표현 • 24
    1.❸ 의상의 화엄사상,「화엄일승법계도」• 28
    1.❹ 미래불을 강조한 부석사 • 32

2. 부석사의 아름다움 • 35

    2.❶ 화엄종찰, 부석사의 아름다움 • 36
    2.❷ 풍수, 자연환경과의 조화 • 39
    2.❸ 무량수전의 아름다움 • 41
    2.❹ 산세와 비상하는 누각의 조화 • 44

부석사 창건, 역사·지리·사회적 DNA

3. 부석사 창건 설화의 해체 • 49

    3.❶ 부석사 창건의 시대·지리적 배경 • 50
    3.❷ 불교와 만남, 용신·풍수지리·민간성지 • 52
    3.❸ 용신사상이 반영된 창건설화 • 54
    3.❹ 부석사 입지와 풍수지리설 • 59
    3.❺ 민간성지에 화엄종과 정토사상의 정착 • 65
    3.❻ 신라의 정치·사회상이 구현된 부석사 • 69

4. 부석사 창건과 무량수전에 구성된 정서 • 73
   4.❶ 용신사상의 사실적 차원 • 74
   4.❷ 풍수지리설의 사회적 차원 • 75
   4.❸ 정토사상의 시간적 차원 • 77
   4.❹ 부석사 창건과 무량수전에 구성된 사회상 • 79

III 해동화엄종찰 부석사, 의상의 DNA

5. 「화엄일승법계도」와 부석사의 건축개념 • 85
   5.❶ 화엄일승사상을 표현한 부석사 • 86
   5.❷ 「화엄일승법계도」를 적용한 부석사 해석 전개 • 88
   5.❸ 물질·공간·시간과 우주 본질의 통찰 • 91
   5.❹ 오름의 이타적 수행과 해인삼매 • 95
   5.❺ 완전한 깨달음, 극락세계의 공존 • 98
   5.❻ 부석사 건축개념: 「화엄일승법계도」 • 102

6. 「화엄일승법계도」로 본 부석사의 시·공간 • 105
   6.❶ 기승전결의 일반적 순례와 시·공간 • 106
   6.❷ 하로영역, 과거불의 가르침 • 109
   6.❸ 중로영역, 해인삼매의 현세불 • 111
   6.❹ 상로영역, 완전한 깨달음의 미래불 • 113
   6.❺ 「화엄일승법계도」로 본 부석사의 시·공간 • 116

부석사 가람배치와 전통사상의 DNA

7. 부석사 가람배치와 전통사상 · 121

   7.❶ 전통사상이 반영된 부석사의 가람 · 122
   7.❷ 탑과 누각에 대한 문제의식 · 123
   7.❸ 불교적 정치·사회와 전통사상 · 126
   7.❹ 일탑식가람과 산지가람의 결합, 다불전 · 129
   7.❺ 이전된 삼층쌍탑과 산지가람의 역사적 현전 · 133
   7.❻ 산지가람과 누각의 정체성 · 139

8. 전통사상을 계승한 가람배치의 시·공간 · 145

   8.❶ 화엄·불이사상의 다불전 구현 · 146
   8.❷ 연기법과 부석사의 흥망성쇠 · 147
   8.❸ 풍수지리설과 불교풍수의 종합 · 150
   8.❹ 부석사 가람배치에 나타난 전통사상의 시·공간 · 152

공간의 소통과 변화, 지속가능한 DNA

9. 소통, 불교 누각의 영향과 유교 누각 · 157

   9.❶ 전통누각의 공간 문화적 전개 · 158
   9.❷ 불교·유교 누각의 일반적 변화 · 160
   9.❸ 불교 누각의 건축적 의미 · 163
   9.❹ 유교 누각의 건축적 의미 · 165
   9.❺ 불교 누각과 소통성 · 168
   9.❻ 불교 누각에서 유교와의 소통성 · 171
   9.❼ 유교 누각과 소통성 · 174

10. 유·불 누각에 나타난 건축문화의 지속성 · 179

 10.❶ 전통사회의 변화에서 본 누각 문화 · 180
 10.❷ 불교 누각의 지속, 화엄·정토의 문화 · 182
 10.❸ 숭유억불 시대, 누각의 소통 문화 · 185
 10.❹ 유교 누각, 수양과 사회적 소통 문화 · 187
 10.❺ 누각 건축문화의 계승, 소통성과 변화 · 189

11. 지속 가능한 부석사 · 193

 11.❶ 한국적 화엄, 「화엄일승법계도」· 194
 11.❷ 아름다움을 표현한 화엄의 공간 · 196
 11.❸ 화엄사상과 풍수지리설의 공통적 가치 · 199
 11.❹ 전통사상을 계승한 탑과 누각 · 200
 11.❺ 백성들과 함께하는 명당 공간 · 203

VI 부석사DNA와 미래가치

12. 부석사 DNA · 209

 12.❶ 부석사 DNA, 역사와 전통의 존속 · 210
 12.❷ 시간의 흐름으로 본 부석사DNA · 212

13. 부석사의 미래가치 · 215

 13.❶ 부석사로 구현된 「화엄일승법계도」· 216
 13.❷ 명당, 불교의 공간적 나눔 문화 · 218
 13.❸ 화엄의 전파를 의미화한 누각 · 221

참고문헌 · 224

색인 · 230

[그림 목차]

[그림 1.1] 무량수전 영역에서 본 산 능선들 … 23
[그림 1.2] 의상 … 26
[그림 1.3] 「화엄일승법계도」 … 26
[그림 1.4] 부석사 석단 … 37
[그림 1.5] 김병연의 시 「부석사」 편액 … 37
[그림 1.6] 남향인 안양루와 석등과 무량수전 … 40
[그림 1.7] 무량수전 외관 … 43
[그림 1.8] 배흘림기둥, 주심포 … 43
[그림 1.9] 무량수전 공포 구성 요소 … 43
[그림 1.10] 무량수전 내부 … 43
[그림 1.11] 범종루와 안양루 전경 … 46
[그림 1.12] 날개 같은 누각지붕 … 46

[그림 2.1] 부석 … 59
[그림 2.2] 선묘각 … 59
[그림 2.3] 무량수전에서 바라본 산맥의 능선 … 64
[그림 2.4] 부석사 무량수전에 구성된 사회적 이념 … 80

[그림 3.1] 일주문(기) … 107
[그림 3.2] 당간지주(기) … 107
[그림 3.3] 3층쌍탑(승) … 107
[그림 3.4] 범종루(승) … 107
[그림 3.5] 범종루에서 본 안양루(전) … 107
[그림 3.6] 범종루와 안양루 절곡 축(전) … 107
[그림 3.7] 안양루에서 본 무량수전(결) … 107
[그림 3.8] 안양루와 무량수전(결) … 107

[그림 4.1] 부석사의 진입축 … 131
[그림 4.2] 군수리사지 … 131
[그림 4.3] 무량수전 축과 탑의 분석 … 131
[그림 4.4] 탑에서 본 무량수전의 폐쇄된 동측 벽 … 131

[그림 4.5] 무량수전 영역과 탑 영역 … 131
[그림 4.6] 무량수전 영역과 탑 영역 전경 … 131
[그림 4.7] 3층쌍탑 배치도 … 137
[그림 4.8] 북지리사지 발굴 현황도 … 137
[그림 4.9] 부석사 3층쌍탑 … 137
[그림 4.10] 자인당 전경 … 137
[그림 4.11] 범종루, 안양루의 누하진입 … 141
[그림 4.12] 부석사의 풍광 … 141
[그림 4.13] 수구와 범종루 배치도 … 141
[그림 4.14] 수구를 가린 범종루의 지붕 … 141
[그림 4.15] 안양루 위치와 지세변화 … 141
[그림 4.16] 과거의 부석사 사역 추정도 … 148

[그림 5.1] 봉정사 배치도 … 170
[그림 5.2] 봉정사 만세루의 차경과 전경 … 170
[그림 5.3] 부석사 배치도 … 170
[그림 5.4] 부석사 안양루의 전경 … 170
[그림 5.5] 옥산서원 배치도 … 175
[그림 5.6] 옥산서원 중정에서 본 무변루 전경 … 175
[그림 5.7] 병산서원 배치도 … 175
[그림 5.8] 병산서원 만대루의 차경 및 전경 … 175

[표 목차]

〈표 3.1〉 법계도가 구현된 부석사의 건축개념 … 104
〈표 3.2〉 법계도가 구현된 부석사의 시·공간 개념 … 115
〈표 5.1〉「법계도」에 구성된 화엄사상의 구성 … 197

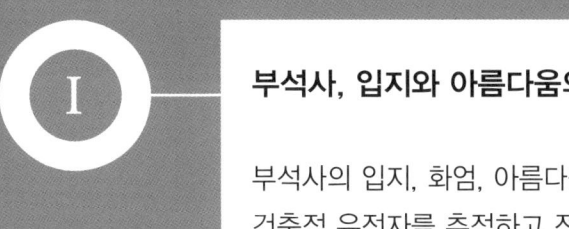

I

부석사, 입지와 아름다움의 DNA

부석사의 입지, 화엄, 아름다움 등
건축적 유전자를 추적하고 전개한다.

1. 영주 부석사 전개

부석사 DNA
범성계의 구현, 오름으로 화엄의 시 공간을 탐색하다.

영주 부석사의 입지와 화엄, 창건 시대의 배경과 화엄종 사찰의 표현, 의상이 지은 「화엄일승법계도」, 미래불을 강조한 부석사에 대해 전개한다.

1.❶ 부석사의 입지와 화엄

　부석사는 경상북도 영주시 부석면 북지리 일원(부석사로 345)의 봉황산鳳凰山 중턱에 자리 잡고 있다. 봉황산은 백두산에서 시작한 산줄기가 태백산에서 멈추어 서남쪽의 소백산맥으로 달려가는 지점이다. 즉, 태백산맥이 소백산맥으로 나뉜 양백지간兩百之間에 자리 잡고 있다. 태백산에서 뻗은 산줄기는 구룡산, 옥석산, 선달산에 머무르고 소백산으로 이어져 형제봉, 국망봉, 비로봉, 연화봉을 이루고 있다.

　봉황산 기슭에 창건된 부석사는 그 주변의 '비로봉' '연화봉'이라는 불교적 지명과 연관이 있다. 부석사를 해동화엄종찰海東華嚴宗察이라고 하듯이, 이 절은 우리나라에서 가장 중심이 되는 화엄종 사찰이다. 보편적으로 화엄종 사찰은 과거, 현재, 미래를 상징하는 불보살의 영역으로 구분된다. 부석사는 일반적인 화엄종 사찰에서 확인되는 과거불인 비로자나불, 현세불인 석가모니불 영역이 생략되고 미래불인 아미타불 영역만 강조되고 구성되어 있다. 그런데 부석사의 입지를 보면 과거불과 현세불이 생략될 수 있음을 이해할 수 있다. 과거불과 현세불이 생략된 이유 중 하나는 과거불인 비로자나불의 '비로봉'과 현세불인 석가모니불의 깨달음을 상징하는 '연화봉'이 이미 자리 잡았기 때문이라 추측된다.

　부석사가 위치한 봉황산은 선달산의 서남쪽 줄기에 위치하며, 동쪽의 문수산, 남쪽의 학가산이 휘어 돌아, 서쪽의 소백산맥이 휘어진 중앙에 있다. 즉, 부석사 터는 봉황산을 중심으로 크고 작은 봉우리들을 바라보고 있는 형상이다[그림 1.1]. 때문에, 풍수지리상으로 길지에 속한다. 그렇지만 부석사가 자리 잡은 터전은 구릉지에 위치해 경사가 심하다. 부석사를 오르는 비탈길은 사람의 발길을 느긋하게 하지만 사찰 경내로 들어서면서 오름을 위해 하체를 긴장하게 한다. 9단의 석단를 극복하기 위한 굽 높은 돌계단이 기다리고 있기 때문이다.

부석사가 이곳에 자리 잡은 것은 태백산맥, 소백산맥에 속한 연봉의 장관을 바라볼 수 있는 수려한 경승지나 조용한 수행을 위한 사찰터 때문만은 아닐 것이다. 옛날이나 지금이나 이곳은 사람의 발길 닿기가 쉽지 않은 곳이다. 그러나 이곳은 강원·충청·경상도를 구분 짓는 분기점이며, 삼국시대에는 이곳을 거쳐야만 백제, 고구려 지역으로 뻗어갈 수 있는 죽령이었다. 이곳에 부석사를 건립한다는 것은 통일 후 왕권 및 국방 강화를 위한 정치·군사적 요충지가 되며 통일 전쟁 후 혼란한 신라 사회를 안정시키려는 정치적 목적으로 이해된다.

앞의 내용이 부석사를 창건하게 된 동기라 할지라도 사찰이 위치한 터가 길지, 명당인 것은 틀림없다. 의상이 부석사 터에 오기 전에 태

[그림 1.1] 무량수전 영역에서 본 산 능선들

백산은 신라 오악五岳 중 중사를 지내던 곳 즉, 북악北岳으로 불리기도 한 곳이다. 그래서 의상의 법손들을 북악파北岳派라고 했다. 특히, 부석사가 있었던 터는 기존의 민간성지로 이름 나 활약했던 곳이다. 의상은 민간성지와의 충돌을 이겨내고 화엄의 성지를 구축했다.

따라서 부석사는 비로봉(과거), 연화봉(현재)에 연속된 미래불을 상징하는 아미타불의 무량수전 영역을 강조해 태백산맥, 소백산맥에 속한 연봉의 장관을 바라보게 하여 극락세계가 연속된 현재 즉, 화엄일승으로 표현하였다. 또한, 부석사터는 주변의 산들이 휘돌아 이 사찰이 있는 봉황산을 우러러보는 형세이다. 풍수지리적으로는 북악과 기존의 민간성지가 있는 최고의 명당에 자리 잡았다고 볼 수 있다.

1.❷ 창건의 시대 배경과 화엄종 사찰의 표현

신라불교는 법흥왕14년(527) 이차돈[1]의 순교를 분기점으로, 초기의 화엄 사상은 '왕즉불사상王卽佛思想'[2]이었으며, 왕권 강화와 함께 백성들에게 전해졌다. 신라가 통일을 마무리하는 시기는 다양한 불교론으로 사상계의 혼란[3]도 있었다. 화엄종이 이 땅에 이입될 당시 고승들의 화엄사상은 혼란스러운 시대적 상황과 요청에 따라 통합과 화쟁의 흐름을 만들어 가는 주도적인 역할을 하였다. 이 무렵 화엄종 확산에

▽
1. 신라의 불교 전래 과정에서 한국 역사상 최초의 순교자로 꼽힌다.
2. 왕권강화의 목적으로 왕이 곧 부처라는 사상이다.
3. 삼국이 통일될 무렵 신라는 자기가 선호하는 불교이론이 최고라며 쟁론하는 사람들로 인해, 불교사상계는 혼란을 겪고 있었다(박태원, 2004: 11).

중심이 되는 인물은 삼국시대 말기를 거쳐 통일신라 초기에 공존한 자장, 원효, 의상이다.

자장(590-658)은 왕의 명으로 당나라에서 귀국하여 대장경을 비롯해 화엄경을 신라에 전파하였다. 자장은 선덕여왕 때 대국통으로 임명되어 불사를 일으키고 계율을 확립하여 신라 불교계를 정비했다. 자장은 중국에서 수입한 화엄종을 이 땅에 최초로 전했고 왕즉불사상을 넘어 진신상주사상眞身常住思想을 제시한 보궁신앙으로, 왕이 곧 부처라는 현실적 실현을 더욱 강조하고자 했다.

원효(617-686)는 독자적으로 통불교通佛敎[4]를 제창하고, 승복을 벗고 무애가無碍歌를 지어 부르며 민간불교의 대중화를 일으켰다. 그는 화쟁和諍·일심一心··무애無碍사상으로 '하나'라는 구심점에 화쟁과 자유를 추구해 귀족화된 불교를 민중불교로 바꾸는 데 크게 공헌하였다.

의상(625-702)은 661년에 당에 건너가 지엄智儼에게 수학하던 중 「화엄일승법계도」[5]를 지어 670년 귀국했다[그림 1.2-3]. 그는 676년 태백산 줄기에 화엄의 근본 도량이 된 부석사를 창건한 것을 비롯해 많은 사찰[6]을 세우고 「법계도」를 통해 교화 활동을 폈다(일연, 2002: 368-369). 「법계도」는 대중들이 화엄을 쉽게 이해하도록 축약한 게송偈頌으로 의상의 화엄사상이 표현된 글과 도상이다. 삼국통일이 완성되고 당唐이 물러나는 시기인 문무왕대에 와서 왕명으로 부석사를 창건할 때, 의

▽
4. 불교의 다양한 교리를 통합하여 하나의 조화로운 체계를 구축하려는 시도.
5. 이하 「법계도」라 한다.
6. 태백산 부석사를 포함하여, 원주 비마라사, 가야산 해인사, 비슬산 옥천사, 금정산 범어사, 남악 화엄사 등 화엄10찰이 있다(일연, 2002: 370).

상은 「법계도」를 개념으로 하여 건축적 구현을 하였다.

신라 사회에서 화엄종은 광명이 두루 비치는 비로자나불인 '법신法身', 법신이 중생제도를 위해 사람으로 화현한 석가모니불인 '화신化身', 화신으로서의 수행을 해 그 과보로 법신의 영원성마저 성취한 아미타불인 '보신報身'이라는 삼신설[7]로 정착되었다(황규성, 2001:18). 이러한 이론은 화엄사상을 시간적 관점으로 볼 수 있는 것이다. 그것은 불국토에 과거·현재·미래라는 삼세불이 현실에 공존하는 공간으로 표현되었다. 이러한 현상은 의상의 제자 능인이 건립한 봉정사도 세 영역으로 구현되어 있으며(문정필, 2021:98-100), 통도사[8]나 불국사[9]에서도 유사

[그림 1.2] 의상

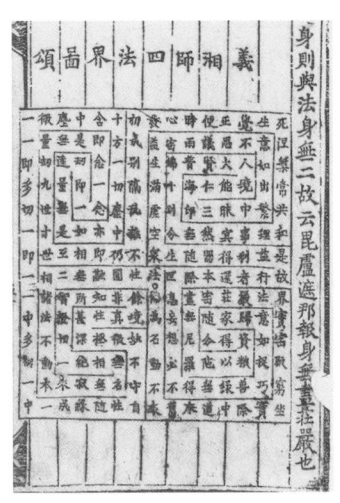
[그림 1.3] 「화엄일승법계도」

▽
7. 삼신에 관하여 『능가경楞伽經』에서는 법신法身, 보신報身, 응화신應化身으로 『십지경론十地經論』에서는 법신불法身佛, 보신불報身佛, 응신불應身佛로 『대승동성경大乘同性經』에서는 법신法身, 보신報身, 화신化身으로 밝히고 있다(『楞伽經』, 『十地經論』, 『大乘同性經』).

하게 나타난다.

그런데 부석사는 과거·현재·미래의 삼세불 영역이 명확하지 않다. 앞의 절에서 부석사에 과거불과 현세불이 생략된 이유는 지리적으로 과거불을 상징하는 '비로봉'과 현세불을 상징하는 '연화봉'이 이미 자리 잡았기 때문에 미래불이 있는 무량수전 영역을 강조했다는 것을 첫 번째로 제시했다. 과거불과 현세불이 생략된 두 번째 이유는 「법계도」가 부석사의 건축개념으로 적용되었다면 과거불의 영역은 과거 부처의 어록인 담긴 화엄경[10]을 축약시킨 「법계도」 그 자체를 과거불로 상징할 수 있다. 또한, 현세불은 부석사에서 부처의 가르침으로 수행하여 미래불인 아미타불이 있는 무량수전의 영역을 현재에서 관통하는 것 자체를 상징하는 것이라 볼 수 있다.

따라서 부석사는 과거불을 상징하는 「법계도」 그리고 미래불이 본존인 무량수전의 아미타불이 현재의 수행적 시간에 관입되는 상징적 가치로서 의상의 화엄일승사상에 동조할 수 있을 것이다.

▽

8. 자장이 창건한 양산 통도사도 과거불인 대광명전 영역, 현재불인 대웅전 영역, 미래불의 극락보전 영역을 중심이 된다(문정필, 2021: 139–143).
9. 김대성이 창건한 경주 불국사는 크게 과거불의 비로전 영역, 2탑이 있는 현재불의 대웅전 영역, 미래불의 극락전 영역으로 구성되어 있다(문정필, 2018: 104–107).
10. 현재의 부석사에는 보장각에 고려목판(보물 735호) 대장경이 보관되어 있다. 고려시대에 가는 글자 34자로 새긴 삼본화엄경의 목판이다. 3종 634판으로, 동진의 불타발타라가 번역한 『화엄경』 진본 60권, 당의 실차난타가 번역한 『화엄경』 주본 80권, 당 반야가 번역한 『화엄경』 정원본 40권이다. 첫 번째 번각 시기는 12세기–13세기 중반으로, 두 번째 번각 시기는 고려 말–조선 초기로 추정된다. 이러한 『화엄경』목판은 과거불의 상진성을 더욱 강조한다.

1.❸ 의상의 화엄사상, 「법계도」

　의상의 화엄사상이 확실히 드러난 「법계도」는 화엄경의 내용을 30구 210자로 축약하여 54각을 가진 인도印道[11] 형식으로 나타내었다. 「법계도」는 의상이 668년에 『화엄경』과 『십지경론』[12] 축약해 깨달음에 이르게 하는 가르침을 제시하였다. 「법계도」는 의상의 화엄사상에서 정수라 할 만하며, 지금의 불경에서도 「의상조사 법성게」로 불자들에게 널리 읽히고 있다. 우리말로 풀이한 법성게 30구의 내용은 다음과 같다.

1. 오묘하고 원만한 법 둘이 없나니

2. 본바탕 고요하고 산 같은 진리

3. 이름과 모양다리 모다 없나니

4. 아름아리 누가 있어 증명할거나

5. 깊고도 현묘할손 진리의 성품

6. 내 성품 못 벗으면 인연 따라 이루네

7. 하나에 모다 있고 많은데 하나 있어

8. 하나 곧 모다이고 모다 곧 하나이니

9. 한 티끌 작은 속에 세계를 머금었고

10. 낱낱의 티끌마다 세계가 다 들었네

11. 한없는 긴 시간이 한 생각 찰나이고

12. 찰나의 한 생각이 무량한 긴 겁이니

13. 가없고 넓은 세계 엉킨 듯 한덩이요

14. 그러나 따로따로 뚜렷한 만상일세

15. 처음 내킨 그 마음이 부처를 이룬 때고

16. 생사와 열반의 본바탕이 한 경계니

17. 있는 듯 이사 분별 흔연히 없는 그곳

18. 시방 제불 나투신 부사의 경계로세

19. 부처님 해인삼매 그 속에 나툼이여

20. 쏟아 놓은 부처님 뜻 그 속에 부사의여

21. 이로운 법의 비는 허공에 가득하여

22. 제 나름의 중생들도 온갖 원 얻게하네

23. 행자가 고향으로 깨달아 돌아가면

24. 망상을 안쉴려도 안쉴길 바이없네

25. 무연의 방편으로 여의보 찾았으니

26. 자기의 생각대로 재산이 풍족하네

27. 다라니 무진보배 끝없이 써서

28. 불국토 법 왕궁을 여실히 꾸미고서

29. 중도의 해탈좌에 그윽히 앉았으니

30. 옛부터 동함없이 그 이름 부처일세[13]

▽
11. 여기서. 인도印道라 함은 도장처럼 새겨진 길(통로) 형식에 법성게를 나열한 틀이다.
12. 『십지경론』은 『화엄경』의 별행경인 「십지경」을 해석한 것이다. 10지는 흔히 10주(住)라고도 하며, 10지의 각 단계들은 보살이 부처의 경지에 이르는 과정을 나누어 부지런히 수행에 전념해야 함을 강조한다. 『십지경론』은 세친의 저술 가운데 제1기에 속하는 것으로서, 소승에서 대승으로의 사상적 전향을 보여준다.
13. 「화엄일승법계도華嚴一乘法界圖」의 30구 210자는 다음과 같다.
 法性圓融無二相 諸法不動本來寂 / 無名無相絶一切 證智所知非餘境 / 眞性甚深極微妙 不守自性隨緣成 / 一中一切多中一 一卽一切多卽一 / 一微塵中含十方 一切塵中亦如是 / 無量遠劫卽一念 一念卽是無量劫 / 九世十世互相卽 仍不雜亂隔別成 / 初發心時便正覺 生死涅槃相共和 / 理事冥然無分別 十佛普賢大人境 / 能仁海印三昧中 繁出如意不思議 / 雨寶益生滿虛空 衆生隨器得利益 / 是故行者還本除 巴息妄想必不得 / 無緣善巧捉如意 歸家隨分得資糧 / 以陀羅尼無盡寶 莊嚴法界實寶殿 / 窮坐實際中道床 舊來不動名爲佛(의상, 「화엄일승법계도」).

「법계도」는 저자의 이름이 기록되어 있지 않다. 책 끝에 "인연으로 생겨나는 일체의 모든 것에는 주인이 따로 있지 않음을 나타내기 위하여 저자명을 기록하지 않는다."라고 그 이유를 남겼다. 그러나 고려의 균여均如는 그의 『일승법계도원통기一乘法界圖圓通記』에서 최치원崔致遠이 지은 「의상전義湘傳」으로부터 다음과 같은 내용을 인용하여, 저자가 의상임을 밝히고 있다.

의상이 지엄의 문하에서 화엄을 수학할 때. 꿈속에 신인神人이 나타나 "네 자신이 깨달은 바를 저술하여 사람들에게 베풀어 줌이 마땅하다."고 하였고, 또 꿈에 선재동자善財童子가 총명약聰明藥 10여 알을 주었으며, 청의동자靑衣童子가 세 번째로 비결秘訣을 주었다. 스승 지엄이 이 말을 듣고 "신인이 신령스러운 것을 나에게는 한 번 주었는데 네게는 세 번이구나. 널리 수행하여 그 통보通報를 곧 표현하도록 하라." 하였다. 의상은 터득한 바 오묘한 경지를 순서를 따라 부지런히 써서 『십승장十乘章』 10권을 엮고, 스승에게 잘못을 지적해 달라고 청하였다. 지엄이 읽어 본 후 "뜻은 매우 아름다우나 말은 오히려 옹색하다."고 하였다. 이에 의상은 걸림이 없게 고쳤다. 지엄과 의상이 함께 불전佛前에 나아가 그것을 불사르면서, "부처님의 뜻에 계합함이 있다면 원컨대 타지 말기를 바랍니다."고 서원하였다. 불길 속에서 타고 남은 나머지를 수습하니 210자가 되었다. 의상이 그것을 모아 다시 간절한 서원을 발하며 맹렬한 불길 속에 던졌으나 마침내 타지 않았다. 지엄은 감동하였고, 의상은 그 210자를 연결하여 게송偈頌이 되게 하려고 며칠 동안 문을 걸고 노력했다. 마침내 삼십 구절을 이루니 삼관三觀의 오묘한 뜻을 포괄하고 십현十玄의 아름다움을 드러내었다 한다.

「법계도」를 통해서 본 의상 화엄사상의 본질은 연기緣起의 인연법을 바로 알아 상대적 관계 속에서 유지되는 생멸적 세상의 모습을 바로 보고, 거기서 하나와 전체의 공간, 일념과 무량한 시간, 진리와 현상의 운용을 중도의 관념으로 꿰뚫어 본다는 것이다. 때문에, 의상은 부석사 창건 시 자신이 지은 「법계도」를 건축적 개념으로 활용했을 것이다. 그러므로 이 책 3부에서는 부석사 경내에 들어와 무량수전까지 오르는 동안 「법계도」를 적용해 수행의 단계로 해석하였다. 이러한 해석은 3부에서 자세히 설명할 것이다.

또한, 의상은 미래불인 아미타불을 화엄사상과 같은 일승一乘으로 이해한 동시에 열반에 들지 않고 생멸상이 없는 현세불로 해석했다. 때문에, 화엄의 실천 운동을 근본으로 삼고 서민 불교적인 아미타불의 정토 신앙이 부석사에 반영되었다. 의상은 온 우주를 대상으로 하는 화엄이라는 사상적 배경 위에 극락정토의 현실화, 신라의 정토화를 위해 부석사를 창건한 것이다. 그러므로 부석사에서 과거불과 현세불이 생략된 세 번째 이유가 화엄 일승 사상이다. 일승의 입장에서는 극락은 연화장세계에 통섭되어 있고 자성을 깨달은 경계가 정토이므로 예토와 정토가 하나이며 일심一心이라는 것이다. 근기根機가 낮은 미혹한 중생을 위해 현세불로서 중생 구제를 서원한 아미타불에 귀의하도록 하였기 때문에 무량수전 영역만을 강조했던 것이다.

따라서 의상의 화엄사상은 「법계도」에 깃든 연기의 본질을 물질, 공간, 시간으로 구성된 우주의 진리와 현상을 꿰뚫었고, 화엄일승의 입장에서 극락이 연화장세계에 통섭되어 자성을 깨달은 경계가 정토이므로 예토와 정토가 하나라는 일심사상에서 극락을 현실화한 정토사상을 부석사에서 실현하였던 것이다.

1.❹ 미래불을 강조한 부석사

지금까지 부석사의 입지, 창건의 시대 배경, 의상의 화엄사상을 전개하였다. 이 3가지는 부석사의 정체성을 이루고 있는 요소이며, 화엄종 사찰의 대표성을 띠고 있다는 것이다. 보편적으로 화엄종 사찰의 공통적인 이슈는 과거불, 현세불, 미래불이라는 삼신불에 대한 시·공간성이 분명히 드러난다. 삼신불의 과거불은 법신으로 비로자나불, 현세불은 응신으로 석가모니불, 미래불은 보신으로 아미타불이 대표적이다. 그런데 해동화엄종찰이라 했던 부석사에는 과거, 현세, 미래를 의미하는 삼신불 영역이 모호하다. 부석사는 현재에도 아미타불을 모신 무량수전의 미래불 영역만 분명할 뿐 과거불과 현세불의 영역은 생략되어 보인다. 그 이유는 앞에서 언급한 부석사의 입지, 창건의 시대 배경, 의상의 화엄사상으로 분류해 논의했다. 그 내용을 결집하여 정리하면 다음과 같다.

첫째, 의상은 태백산 주변의 지명으로 과거불과 현세불 영역을 제외했을 가능성이 있다. 부석사는 비로봉(과거불의 상징), 연화봉(현재불의 상징)에 연속되어 미래불을 무량수전에 안착하고 불자들로 하여금 연봉의 장관을 바라보게 하여 극락세계가 연속된 현재 즉, 화엄일승으로 표현하였을 것이다. 그러므로 무량수전을 건립하여 삼국이 통일을 이룬 국토의 상징성은 연화장세계 속의 현세에 극락세계를 관입시키는 대통합의 의미라 볼 수 있다.

둘째, 화엄종 사찰에서는 화엄경 그 자체가 과거불인 비로자나불을 상징하고 불성을 가진 사람들이 수행하는 현재가 현세불을 상징한다. 부석사에 화엄경을 축약한 「법계도」가 부석사의 건축개념으로 적용되었다면 그 자체가 과거불로 상징되며 부석사에서 부처의 가르침으로 수행하여 미래불이 있는 무량수전의 영역을 현재에서 관입하는 것 자체가 현세불을 상징하는 것으로 해석될 수 있다.

셋째, 의상은 자신의 화엄일승사상에서 현세불을 일심一心으로 한 정토사상을 부석사에 강조했다. 일승의 입장에서는 극락은 연화장세계에 통섭되어 있고 자성을 깨달은 경계가 정토이므로 예토와 정토가 하나이며 일심一心이라는 것이다. 의상은 근기가 낮은 미혹한 중생을 위해 현세불로 중생 구제를 서원한 아미타불에 귀의하도록 하였기 때문에 무량수전 영역만을 강조했던 것이다.

따라서 의상이 부석사에 무량수전 영역만 강조한 것은 비로봉의 과거불과 연화봉의 현세불이라는 입지의 관계, 화엄경전을 상징화한 과거불과 수행하는 현재를 현세불로 해석, 연화장세계에 통섭된 예토와 정토가 하나이므로 미혹한 중생을 위해 아미타불에만 귀의토록 해석해 과거불과 현세불을 생략하였다는 것을 알 수 있다.

2. 부석사의 아름다움

부석사 DNA
범성게의 구현, 오름으로 화엄의 시·공간을 탄생하다.

부석사의 아름다움을 전개한다. 화엄종찰로서 부석사의 아름다움, 풍수지리설에 의한 명당으로서 자연환경과의 조화, 무량수전의 아름다움, 산세와 비상하는 누각의 조화에 대해 전개하였다.

2.❶ 화엄종찰, 부석사의 아름다움

부석사는 백두로부터 이어진 태백산맥과 소백산맥의 기슭인 경상북도 영주 봉황산에 아늑하게 자리 잡아 고요한 아름다움을 느낄 수 있는 화엄종찰의 위대함을 지녔다. 각 전각들이 경사지를 극복해 자연에 지속되는 아름다움과 태백·소백산맥의 능선이 무량수전 앞마당에 들어와 장쾌한 아름다움도 보여준다. 이에 유홍준은 『나의 문화유산답사기 2』에서 다음과 같이 부석사의 아름다움을 표현하였다.

> 영주 부석사는 우리나라에서 가장 아름다운 절집이다. 아름답다는 형용사로는 부석사의 장쾌함을 담아내지 못하며, 장쾌하다는 표현으로는 정연한 자태를 나타내지 못한다. 오직 한마디, 위대한 건축이라고 부를 때만 온당한 가치를 받아낼 수 있다(유홍준, 1994).

부석사는 가을에 오면 진입로 주변의 사과나무 밭이 운치를 더한다. 가을날 풍요로움을 내어주는 겸허한 나무의 마음으로 부석사에 올라서면 화엄의 아름다움이 전개되기 시작한다. 사찰경내에 들어와 마주친 석단[그림 1.4]은 큰 돌과 작은 돌이 어울려 하나의 석축이 된 일즉일체다즉일一卽一切多卽日(하나가 일체요 일체가 곧 하나)이라는 의상의 화엄사상이 표상된 건축학적 개념이 펼쳐진다.

신라는 삼국통일 이후 삼국의 모든 백성이 어울릴 정책 방향과 융합의 장이 필요했고 그 역할로 원효의 화쟁사상과 더불어 화엄사상이 응집된 화엄종찰 건립이 대안으로 제시되었다. 그 중심에 의상대사의 부석사가 있었다. 의상은 화엄학을 전파하기 위해 정토의 터전을 먼저 다졌다. 무량수전과 안양루를 건립해 태백산맥, 소백산맥의 능선을 시선에 들여놓았다. 안양루의 '안양'은 불가의 극락을 뜻하므로 안양루부터 무량수전까지는 극락세계에 들어왔음을 의미한다.

[그림 1.4] 부석사 석단

[그림 1.5] 김병연의 시「부석사」편액

부석사의 안양루에는 이곳을 다녀간 조선 후기 방랑시인 김병연(김삿갓)의「부석사浮石寺」라는 칠언절구의 한시가 편액扁額으로 걸려있다[그림 1.5]. 그는 안양루에서 본 아름다운 풍광을 다음과 같이 읊었다.

평생미가답명구平生未暇踏名句, 평생에 여가 없어 이름난 곳 못 왔더니
백수금등안양루白首今登安養樓, 백수가 된 오늘에야 안양루에 올랐구나.
강산사화동남열江山似畵東南列, 그림 같은 강산은 동남으로 벌려있고
천지여평일야부天地如萍日夜浮, 천지는 부평 같아 밤낮으로 떠 있구나.
풍진만사홀홀마風塵萬事忽忽馬, 지나간 모든 일이 말을 타고 달려온 듯
우주일신범범부宇宙一身泛泛鳧, 우주에 내 한 몸이 오리 마냥 헤엄치네.

백년기득간승경百年幾得看勝景, 백 년 동안 몇 번이나 이런 경치 구경할까. 세월무정노장부歲月無情老丈夫, 세월은 무정하다. 나는 벌써 늙어 있네.

대한민국 미술사학자인 최순우는 『무량수전 배흘림에 기대서서』에서 다음과 같이 부석사의 아름다움을 표현하고 의상을 칭송하였다.

나는 무량수전 배흘림에 기대서서 사무치는 고마움으로 이 아름다움의 뜻을 몇 번이고 자문자답했다. …무량수전 앞 안양루에 올라앉아 먼 산을 바라보면 산 뒤에 또 산, 그 뒤에 또 산마루, 눈길이 가는 데까지 그림보다 더 곱게 겹쳐진 능선들이 무량수전을 향해 마련된 듯 싶어진다. 이 대자연 속에 이렇게 아늑하고도 눈맛이 시원한 시야를 터줄 줄 아는 한국인, 높지도 얕지도 않은 이 자리를 점지해서 자연의 아름다움을 한층 그윽하게 빛내주고 부처님의 믿음을 더욱 숭엄한 아름다움으로 이끌어줄 수 있었던 뛰어난 안목의 소유자, 그 한국인, 지금 우리의 머리 속에 빙빙 도는 그 큰 이름은 부석사의 창건주 의상대사다(최순우, 2008).

최순우의 글에서 보여주듯이, 부석사의 아름다움을 한껏 드러내는 것은 안양루를 올라 선 후 무량수전 배흘림에 기대서서 바라보는 경치이다. 또한, 해질녘 안양루 마루에서 소백산맥을 바라보는 차경은 유홍준이 말하는 '사무치는 마음'으로 아름다움을 느낄 수 있을 것이다. 부석사에서 느끼는 화엄의 아름다움은 이를 두고 하는 말이다.

2.❷ 풍수, 자연환경과의 조화

 부석사 사찰명의 유래에는 두 가지 설이 있다. 하나는 무량수전 오른쪽에 있는 큰 바위가 공중에 뜬 돌인 부석浮石에서 연유했고, 다른 하나는 의상을 따르던 선묘의 화신인 선묘룡이 큰 바위를 공중에 띄워 사찰 창건을 방해하는 무리들을 물리친 데서 유래한다.
 부석사는 백두대간 태백산맥의 매봉산에서 남서쪽으로 방향을 틀며 태백산-선달산-봉황산-소백산으로 이어지는 산줄기 중 봉황산 산등성이에 자리하고 있다. 일주문에서 무량수전에 이르는 길은 해발 500m를 넘고, 특히 무량수전에서 내려다보면 수많은 봉우리와 연결된 능선의 중첩이 한눈에 보인다.
 부석사는 풍수지리적으로 길吉한 조건을 갖춘 사찰로 평가된다. 부석사 터는 봉황이 알을 품은 모습과 닮아 있어 '봉황포란형'의 입지이기 때문이다. 부석사 가람배치는 전체적으로 동북을 뒤에 두고 남서를 바라보지만, 무량수전과 그 앞의 석등과 안양루는 남쪽을 향한다 [그림 1.6]. 오른쪽 백호 줄기가 안쪽으로, 왼쪽 청룡 줄기가 바깥으로 감싸 봉황이 둥지에서 알을 품고 있는 것과 같은 형국이다. 안양루에 서면 남쪽으로 보이는 안산이 봉황의 알에 해당한다. 때문에, 높은 주산과 낮은 안산이 적절한 형상으로 서로 잘 어우러지는 모습이다. 이 안산을 바라보고자 무량수전의 방향을 남향으로 했겠지만, 지형도 안양루 앞부터 무량수전 뒤쪽으로 남향 지세와 일치한다.
 이같이 부석사는 경사 지세와 지형 조건을 반영하여 자연과 하나

되는 공간 구성을 이루어 냈다. 부석사는 자연 지형을 최대한 활용해 여러 단의 석단과 굴절된 축선이 특징적으로 나타난다. 특히, 중요 건축물을 혈처에 배치하고 자연 지형에 순응토록 축선에 변화를 실천하는 모습 속에는 풍수지리설이 중요한 의미를 지니고 있다. 즉, 부석사는 산지라는 입지 환경에 연속하여 여러 건축물 배치의 축이 자연 지형에 조화된 아름다움으로 나타낼 수 있다는 것을 보여주는 대표적인 산지가람이다.

[그림 1.6] 남향인 안양루와 석등과 무량수전

그중에서, 무량수전은 풍수적으로 중요한 혈처에 자리 잡아 부석사의 중심 역할을 한다. 무량수전은 서방극락정토를 표현하기 위해 동·서 축을 강조함과 동시에, 향은 남쪽의 안산을 바라보게 배치하였다. 이러한 배치가 가능한 것은 남서향으로 올라오다가 무량수전 영역에서 남향으로 굴절되는 지세와 일치한다. 그러므로 무량수전은 정토사상의 의미 충족, 풍수지리설로 주산과 안산의 아름다운 조화, 산맥의 중요한 혈처를 이룬 명당에 자리 잡은 것이다. 명당 터에 잡은 무량수전은 한국 최고의 목조 건축의 진수로 꼽힐 만큼 건축적 가치도 높다. 가운데가 불룩한 배흘림기둥은 시각적으로 안정감을 주고, 그 위에 주심포식 공포라는 부재를 쌓아 올려 지붕을 떠받친 건축기법은 기술적으로 완성도가 높을 뿐 아니라 보기에도 빼어나게 아름답다. 어쩌면, 아름다운 터에 아름다운 건축물이 자리 잡은 것은 당연하다고 생각할 것이다.

무량수전은 아미타불을 모신 전각이다. 아미타불은 서방의 극락정토를 주재하는 부처로, 끝없는 지혜와 무한한 생명을 지녀 무량수불로도 불린다. 부석사에서 무량수전 건물은 남쪽을 향하고 있지만, 아미타 불상은 서방을 주재하는 부처답게 서쪽에 앉아 동쪽을 향하고 있다. 무량수전 앞마당은 해질녘, 먼 능선들의 풍광을 담을 수 있는 멋진 극락정토의 공간인 것이다.

이렇듯, 부석사는 풍수지리상 길지로 꼽히는 사찰이다. 왼쪽 산줄기인 청룡이 겹겹이 사찰 경내를 에워싸 명예와 명성을 얻고 훌륭한 인물이 나는 곳이다. 경건한 마음으로 경내를 둘러보고 주변 산세의 아름다움을 느낀다면 참배객 모두는 명당의 신선한 기운을 받을 수 있을 것이다.

2.❸ 무량수전의 아름다움

부석사에서 가장 중심이 되는 건축물이 무량수전이다. 규모는 정면 5칸, 측면 3칸으로 지붕은 옆면이 여덟 팔八자 모양인 팔작지붕으로 꾸몄다[그림 1.7]. 건물 안에는 일반적인 불전과 달리 불전의 옆면에 불상을 배치한 것이 특징이다. 무량수전의 아름다움은 고려 중기 건축의 완벽한 조형미와 자연과의 조화에 있다. 특히, 외관에 드러나는 배흘림기둥은 곡선의 아름다움을 극대화하고, 주심포 양식의 조형미는 웅장함을 더한다.

무량수전의 배흘림기둥은 원기둥으로 중간이 굵고 아래에서 위쪽으로 갈수록 굵기가 줄어드는 주형(柱形)으로, 이는 구조상의 안정과 눈의 착시현상을 교정하기 위한 수법이다[그림 1.8]. 서양 전통 건축에서는 이를 엔타시스entasis라고 한다. 무량수전 기둥에 가해진 배흘림 정도는 다소 과장된 듯하나 이러한 곡선으로 인해 기둥의 안정감을 더하면서 부드러운 느낌을 주어 관람객들에게 편안함을 준다.

무량수전의 공포는 주심포 양식이다. 주심포 양식이란, 기둥 위에만 공포가 있는 형식이다. 공포는 건물의 지붕을 받치는 구조물로, 무량수전의 공포는 웅장하고 섬세한 조형미를 보여준다. 무량수전의 공포는 장식적인 요소가 적어 주심포 양식의 기본 수법이 가장 잘 남아 있는 대표적인 건물로 평가 받는다. 공포의 각 부분은 주두 위에 초제공과 소첨차, 그 위에 이제공과 대첨차가 올라가고 대첨차 위에 직각 방향으로 출목 첨차를 올려 단장혀를 받치고 있는 모습이다[그림 1.9]. 이 부재들은 서로 조화롭게 연결되어 건물의 안정성과 아름다움을 동시에 보여준다.

무량수전은 기와지붕의 역동성을 위해 기둥들의 구성을 안쏠림과 귀솟음 기법으로 사용했다. 안쏠림은 처마선을 안쪽으로 굽게(후림)하고, 귀솟음은 처마를 현수곡선(조로)으로 함으로써 평면상의 후림과 입면상의 조로가 결합해 3차원 곡선을 형성시켰다. 이러한 전통 목조 기법은 귀추녀가 더욱 날렵하고 지붕 전체가 우아한 아름다움을 가지게 한다.

무량수전 내부에서는 불상을 서쪽에 배치해 동으로 향하고 있다. 관찰자는 건축물의 정면인 남쪽으로 들어와 직각 방향인 서쪽의 불상을 바라보도록 함으로써 일반적인 불전에서 느낄 수 없는 깊이 있는 공간감을 느낄 수 있게 한다[그림 1.10]. 내부의 열주와 그 상부에 천정 없이 노출된 보와 도리의 결구는 지붕의 골격구조를 적나라하게 보여주어, 관찰자는 대목大木의 뛰어난 장인적 감각을 느낄 수 있다. 지붕 가구의 결구는 굵고 가늘고, 길고 짧은 각각의 부재들이 서로 잘 짜맞춘 모습을 이룬다. 마치 음악의 음률, 리듬과 같이 고저장단의 조화를 이루고 있어 변화감을 준다.

[그림 1.7] 무량수전 외관

[그림 1.8] 배흘림기둥, 주심포

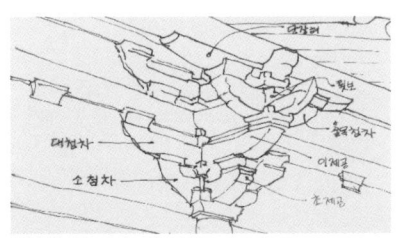

[그림 1.9] 무량수전 공포 구성 요소

[그림 1.10] 무량수전 내부

무량수전 현재의 바닥에는 마루가 깔려있지만, 그 밑에는 전^塼이 깔려있어 지금의 분위기에 비할 바 아니다. 마루가 깔리기 이전에는 전 바닥의 묵직한 분위기가 황색 벽과 기둥의 단州색, 지붕 가구의 청녹 계열 색이 조화되어 엄숙함과 장엄한 아름다움이 같이했다.

이처럼 부석사 무량수전은 배흘림기둥, 공포대, 안쏠림과 귀솟음으로 인한 처마선의 조로와 후림, 내부의 공간감 등 뛰어난 고려 장인의 건축 기술이 뒷받침된 조형미로 주변 산세에 지속되고 있다. 이러한 무량수전의 조형미는 우리나라 목조 건축의 아름다움을 대표하는 문화유산으로 자리 잡고 있다.

2.❹ 산세와 비상하는 누각의 조화

부석사의 누각은 주변 산세와 조화를 이룬다. 산비탈에 세워진 부석사는 완만한 경사길과 급한 계단을 오르면 경외심이 자연스럽게 샘솟는 사찰이다. 부석사는 봉황산 자락의 중턱에 자리 잡았고, 풍수가들은 이 터를 '봉황포란형' 즉, 봉황이 알을 품는 형국이라 하였다. 부석사의 오름은 범종루와 안양루 근처에 도달하여 위로 올려다보는 구조이므로 누각 구조가 주는 신비를 더한다.

부석사의 진입은 일주문에서 당간지주를 거쳐 천왕문까지는 완만한 경사를 이룬다. 이 길을 오르다가 범종루와 안양루가 시야에 들어오면서 건축적 산책로의 공간행로는 시각적 균형이 알맞게 자리 잡는 곳에 자연스럽게 머물게 된다[그림 1.11]. 계단 밑에서 본 누각은 열주로 인한 열린 공간이므로 처마와 천정이 대부분 드러난다. 때문에, 누각의 지붕 전체는 마치 새가 날개를 펼치고 나는 듯한 역동감이 있다. 지붕 매스는 푸른 하늘에 떠있는 한 조각의 구름이 배경이 되면서 변화무상한 느낌을 준다.

범종루 하부에 도달해 뒤돌아보면 지금까지 올라온 경내가 한눈에 들어온다. 누각은 누마루 기능과 출입의 기능을 같이한다. 범종루는 진입 시에는 팔작지붕의 형태이고 후면부에는 맞배지붕인 특이한 지붕양식을 이루고 있다. 즉, 범종루는 앞에서 오를 때는 팔작지붕의 날렵한 느낌을 주고 안양루에서 내려올 때는 맞배지붕의 듬직한 모습으로 경사지에 정착, 정돈되어 주변 산세와 조화를 이룬다.

범종루와 안양루의 하부에 있는 계단을 오르는 순간 벽과 천정의 뚫려있는 개구의 틀을 통해 보여지는 장면은 시각적 시퀀스sequence를 정돈해 다음 공간을 기대하게 한다. 범종루를 거쳐 안양루를 올라서면 무량수전 앞마당에 도달한다. 안양루는 무량수전 앞마당에 걸려 전면에 들어오는 장쾌한 풍광을 누각의 마루 공간에서 맞이할 수 있다.

안양루에서는 범종루의 지붕이 끝없이 펼쳐진 산의 능선들을 향하여 날개처럼 펼쳐진 모습으로 보인다[그림 1.12]. 안양루의 마루, 천정, 기둥이 근경이 되고 그 아래에 내려다보이는 범종루와 다른 전각의 지붕들과 부석사의 경내가 중경을 이루며, 태백·소백산맥의 중봉들과 끝없이 이어진 능선이 원경이 되는 풍광으로 장쾌한 아름다움을 보게 된다.

의상은 한국적 화엄을 우리 땅에 정착시켰다. 한국적 화엄의 시작은 이곳 봉황산에 부석사 창건(문무왕 16년(676)) 보다 4년 정도 앞서 창건한 절인 안동 봉정사(문무왕 12년(672)) 부터이다. 이 무렵, 의상은 이곳 봉황산 자락의 부석사 터 최상부의 조사당 영역에서 수행을 하고 있었다. 이곳 산 지명이 봉황산이라는 것은 우리에게 토착화된 난생신화의 영향으로 구전되었을 것이다. 부석사 터는 봉황이 알을 품는 형국이므로, 의상이 그 알을 화엄으로 의미화해 한국적 화엄으로 부화시켜 탄생한 봉황을 날려 보낸 곳이 천등산의 봉정사 터일 것이다.

따라서 모든 누각의 지붕은 새가 날개를 펼치고 나는 듯한 역동성을 가진 아름다움을 지닌다. 이러한 모습은 봉황산에서 태어난 한국적 화엄을 의미하는 봉황이 날개짓하여 화엄을 전파하려는 목적으로 비상하는 듯하다. 나아가 조사당에서 본 부석사의 누각은 다른 전각의 지붕들과 함께 어울려 날개짓하여 비상飛上하는 화엄의 날개로 의미화 할 수 있다.

[그림 1.11] 범종루와 안양루 전경

[그림 1.12] 날개 같은 누각지붕

II

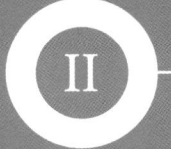

부석사 창건, 역사·지리·사회적 DNA

화엄에 용신앙, 풍수지리설, 민간성지와
융합한 부석사의 사회적 체계를 해석한다.

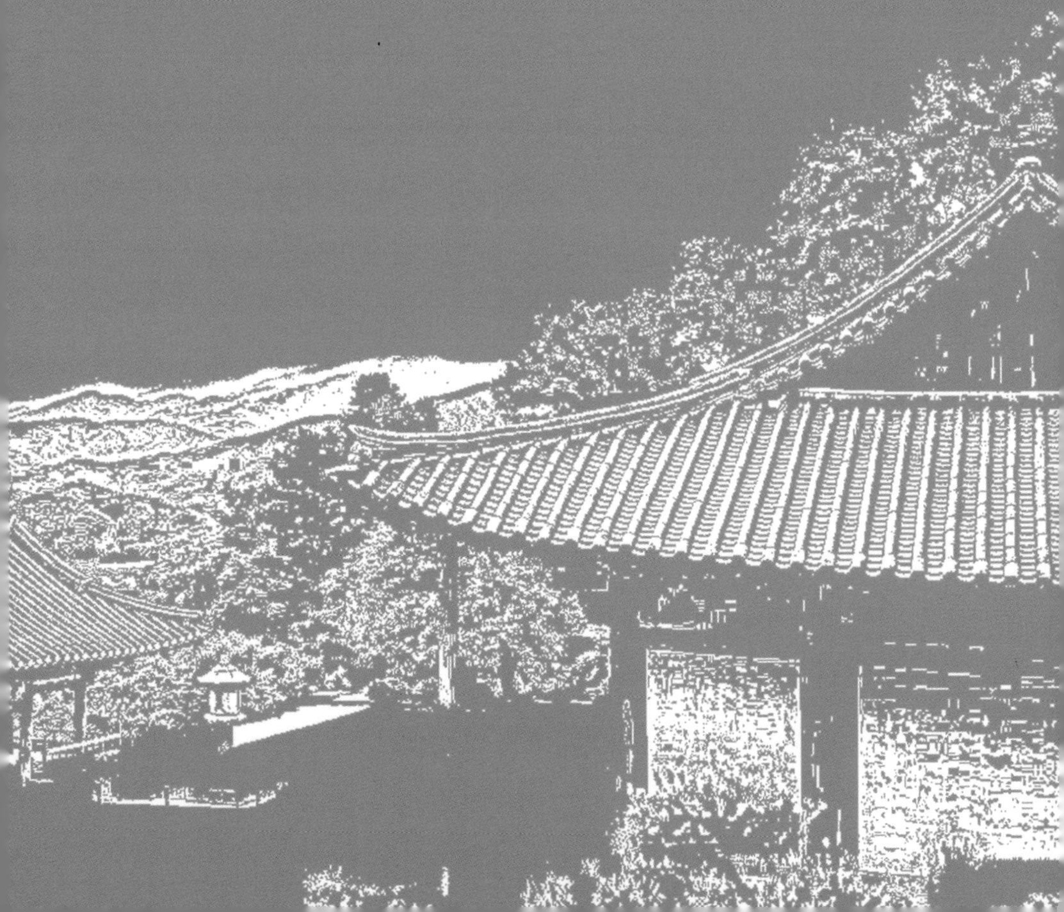

3. 부석사 창건 설화의 해체

부석사 DNA
범성계의 구현, 오름으로 화엄의 시·공간을 탐색하다.

본 장은 부석사 창건 설화를 해체하여 논의하고자 한다. 부석사 창건의 시대·지리적 배경, 불교와 만난 용신·풍수지리·민간성지사상에 대해 고찰하고 용신사상이 반영된 창건설화, 부석사 입지와 풍수지리설, 민간 성지에 화엄종과 정토사상이 정착한 내용을 분석하여 신라의 정치·사회상이 반영된 부석사를 논의하고자 한다.

3.❶ 부석사 창건의 시대·지리적 배경

경상북도 영주시 부석면 북지리 일원에 있는 부석사는 신라 문무왕 文武王 16년(676), 의상이 창건한 화엄종 사찰이었다. 의상義湘(625-702)이 왕의 명을 받아 창건했다고 『삼국사기』와 『삼국유사』에 기록되어 있다.[14] 의상은 부석사의 터를 맞이하면서 "고구려와 백제의 바람과 마소도 접근하기 어려운 곳으로 산이 영험하고 수려하여 불법을 설파하기 좋은 곳이라 했다"(『송고승전宋高僧傳』「의상전義湘傳」).

의상이 말한 '고구려와 백제의 바람과 마소도 접근하기 어려운 곳' 이란, 영주시 부석면 지역으로 신라 오악 가운데 중사에 위치해 흔히 북악北岳으로 불리는 곳이다. 부석사는 동쪽으로 뻗은 백두대간으로부터 동해를 끼고 남쪽으로 내려와 태백산과 소백산 사이에 위치한다. 이 부근의 산맥은 강원도, 충청도, 경상도를 구분 짓는 분기점이다. 삼국시대에는 신라의 이곳을 거쳐야만 백제, 고구려 지역으로 뻗어갈 수 있었다. 즉, 부석사의 지리적 위치는 통일 후 왕권 및 국방 강화를 위한 정치·군사적 요충지였다. 이러한 지역에 왕명을 받아 의상이 부석사를 창건했다는 것은 삼국을 통일한 후 혼란한 신라 사회를 안정시키려는 정치적 목적이 있었다.

의상은 부석사의 터를 '산이 영험하고 수려하여 불법을 설파하기 좋

---

14. 『삼국사기』에는 문무왕 16년 봄 2월에 의상이 부석사를 창건했다고 기록되어 있고(김부식, 2012: 153), 『삼국유사』에는 조정의 명을 받들어 부석사를 창건해 대승을 포교한 것으로 기록되어 있다 (일연, 2002: 368).

은 곳'이라 했다. 사방이 산으로 둘러싸여 좌청룡이 발달한 능선에 자리 잡고, 오목한 와형을 이루는 주산의 용맥(석룡)에 의지하여 무량수전이 자리하였다(이성수. 2015: 35). 풍수지리상으로, 용龍의 의미는 생기가 있는 산의 형태를 뜻한다.[15] 그중에서, 무량수전 터는 생기 있는 용의 품에 안긴 '석룡'[16]의 혈 자리이다.[17] 의상은 먼저 무량수전의 배치를 석룡의 품이라는 명당에 안착시키고 정토적 과제를 남향 지세를 활용하여 '동·서 축에 일치'[18] 되도록 서방극락의 건축적 구현을 이루었다.

이러한 터에 자리 잡은 부석사는 창건과 관련된 설화를 남겼다. 의상이 지금의 부석사 자리에 사찰을 세워 화엄종을 펼치고자 할 때, 이미 그곳에는 '수백의 권종이부權倧異部 무리들'[19]이 자리 잡고, 저항하였기에 쉽지 않았다고 한다. 그러자 선묘[20]가 커다란 돌로 변하여 공중을 날아다니며 위협을 가해, 이들이 물러갔다고 전해진다(『송고승전』「의상전」). 이러한 설화는 부석사 창건이 순조롭지 않았음을 의미한다. 이후 불교 신앙의 확장으로 권종이부를 포함한 전통 신앙 세력들은 불교에 습합되었다고 볼 수 있다. 이러한 과정은 신라 왕실로부터 지원

▽
15. 생기는 생룡生龍에서만 흐르며 사룡死龍에서는 흐르지 않는다(박시익, 1992: 168-170).
16. 석룡이란, 산세를 이루고 있는 골격인 기반암을 말하며, 우리나라 대부분의 명찰은 바위나 기반암이 지표면에 드러난 암반 지형에 자리 잡아 강한 기운을 품어낸다는 의미이다.
17. 풍수가들이 말하는 석룡은 무량수전 밑에 묻혀 있다. 머리 부분은 무량수전 본존상 바로 밑에서부터 시작되며, 꼬리 부분은 무량수전 앞 석등 아래에 묻혀 있다. 일제강점기(1919) 때 무량수전과 조사당을 개수 때, 석룡의 일부가 묻혀 있는 것이 발견되어, 석룡이 무량수전을 품고 있는 모습으로 해석된다.
18. 동·서축을 이루는 방향성은 아미타불이 있는 서방정토를 상징하기 위함이다.
19. 권종이부權倧異部란, 고유의 전통 신앙을 따르는 무리들로 추정하고 있다(김홍철, 1991: 112).
20. 선묘는 의상이 당에서 출발할 때 용으로 변해 바닷길로 건너오는 귀국을 도운 여성이다(송고승전).

받은 불교 세력의 성장을 의미한다.

권종이부와 투쟁하여 명당에 창건된 부석사 무량수전 앞에는 근경을 이루는 전각 및 누각의 지붕과 낮은 안산을 중경으로 산맥의 군봉들이 끝없이 연속된 장엄함을 이루고 있다. 이는 『관무량수경』에서 세존이 보여주는 불국토의 장엄과 비교할 만하다.[21] 무량수전은 '자子' 좌향이며, 이곳까지 진입 과정에 있는 그 외 건축물은 '간艮' 좌향을 이루고 있다. 이러한 건축적 좌향은 산세의 흐름을 그대로 활용하였다. 의상은 무량수전을 통해 단아한 귀산貴山을 바라보는 좌향을 이루고, 청룡이 발달한 용맥의 품에 동·서축으로 자리 잡아 서방극락정토를 상징하는 아미타불을 존치하여 모든 백성이 쉽게 접근해 화엄을 받아들이는 목표를 이루게 하였다.

3.❷ 불교와 만남, 용신·풍수지리·민간성지

부석사 창건 배경을 살펴보면, 이 절이 신라의 사회상을 반영하고 있다는 것을 알 수 있다. 그러므로 창건 설화를 풍수지리설과 전통 신앙으로 구성된 각 요소로 해체하여 다음과 같이 논의하고자 한다.

첫째, 창건 설화에 출현되는 용은 민족 정서의 용 신앙과 함께 무량수전 터에 안착한 용신사상으로 논의할 수 있다. '용신사상'은 한국 왕조의 '사실적 차원'으로 접근이 가능하다. 용은 동아시아 설화에 등장

▽

21. 세존이 보여주는 불국토의 장엄이란 세존이 『관무량수경』을 통해 설한 극락을 관하는 방편에 기록되어 있다(『관무량수경』 중에서). 이러한 예는 3장 3절에서 무량수전을 해석하면서 논의할 것이다.

하는 상상의 동물이며, 한국의 왕조에서는 왕을 상징하기 때문이다. 광개토대왕릉비에 새겨진 동명성왕과 관련된 황룡의 기록, 문무왕의 대왕암과 감은사 건립 후 용이 왜구를 물리친 기록 등으로 알 수 있다. 그러므로 부석사의 입지는 승천하려는 용의 상상으로 하늘과 땅의 연속성을 암시하거나 부석으로 변한 용이 승천하지 않고 부석사를 지켜주는 것으로 암시되기도 한다. 여기에 불교에서 불법을 수호하는 용의 의미를 결합해서 해석할 필요가 있다.

둘째, 무량수전이 명당에 안착하는 데는 자생적 풍수지리사상이 불교 풍수와 결합하였을 것이다. 우리나라의 근본적인 풍수지리설은 자생적 풍수지리설로 땅의 생기를 파악하여 터전을 잡는 방법이다. 고대사회에 성행했던 산악숭배사상, 지모관념, 영혼불멸사상 및 삼신오제사상 등은 자생적 풍수지리설의 영향이다. 불교 사상가이면서 풍수가인 도선道詵(827-898)이 활동한 이전에 창건한 부석사는 삼국시대에 공통적으로 받아들였던 불교와 그 이전의 도교나 유교 그리고 원시종교가 혼합된 자생적 풍수지리설에 영향을 받았을 것이다.

셋째, 부석사는 기존의 전통신앙이 선점했던 자리에 불교의 화엄종과 정토사상이 뿌리내려 습합을 이루었을 것이다. 부석사 터는 사찰이 들어오기 이전에 산악山岳신에 제를 지내는 신라의 삼산오악三山五岳 중 북악 일원에 자리 잡은 지역이다. 의상은 불교를 국교로 하는 신라의 정치·사회적 기반에서 화엄을 알리기 위한 장소를 이곳에 설정하고, 백성이 화엄종에 쉽게 접근하기 위해 정토사상에 따라 부석사 무량수전을 안착시켜 해동화엄종찰이라 했다. 그러므로 부석사는 먼저 점령된 기존의 민간성지에 자리 잡아 불교에 습합을 이루었다고 볼 수 있다.

부석사는 이러한 용신사상, 자생적 풍수지리사상, 민간성지의 요소들이 서로 구성되어 한국인에게 사무치는 감동을 주고 있다. 최순우가 말했듯이, 부석사는 대자연 속의 아늑함, 눈맛의 시원함을 터주는 시야, 자연의 아름다움을 그윽하게 빛내주고 부처의 믿음을 이끌어 사무치는 감동을 주는 사찰인 것이다(최순우, 2008).

이에 필자는 부석사가 창건 설화 속에 잠재된 용의 양상, 자생적 풍수지리사상, 민간신앙터에 해동화엄종찰海東華嚴宗察로 거듭난 세 가지 구성을 통하여 신라의 정치·사회상으로 구현된 건축적 과정을 논의하고자 한다. 그 방법은 세 가지 구성적 관계를, 무량수전으로 구현된 실제와 '해동화엄초조海東華嚴初祖'라 칭송하는 의상의 건축관과 정치·사회·종교를 사상적 가치로 논의하는 것이다.

따라서 부석사 창건 설화에 얽힌 용 설화의 의미, 풍수지리설로 영향을 받은 전각 터의 의미, 민간신앙 터에 화엄과 정토사상으로 구현된 무량수전의 배치를 통해 통일신라의 정치·사회가 반영된 건축적 구현 가치를 다음의 절에서 논의하고자 한다.

3.❸ 용신사상이 반영된 창건설화

부석사 창건 설화에 등장하는 용은 의상이 당에서 바닷길로 귀국할 때 그를 흠모했던 여성인 선묘가 용이 되어 지켜주었다는 선묘용의 설화가 선행되며, 그 이후 의상이 부석사가 들어설 터에 도착한 뒤에는 다음과 같은 설화로 시작된다.

    의상은 부석사가 들어설 터에 도착하자, "고구려와 백제의 바람과 마소도 접근하기 어려운 곳으로 산이 영험하고 수려하여 불법을 설파하기 좋은 곳"이라 하였다. …어찌 권종이부權宗異部의 무리들이 500명이나 모여 있을까'라고 하였다. …의상은 '대화엄교大華嚴敎는 복선福善의 땅이 아니면 흥하지 못한다'고 했다. 그때 선묘용善妙龍이 의상을 수호하고 있었는데, 의상의 이러한 생각을 알았다. 곧 공중에서 대신변大神變을 일으켜 너비 1리나 되는 커다란 바위로 변해서 가람 위를 덮고는 떨어질 듯 말 듯하였다. 놀란 군승群僧들은 갈 바를 모르고 사방으로 흩어졌다(『송고승전』「의상전」).

    이러한 설화를 배경으로, 풍수가들은 이 바위를 용이라 본다(김홍철, 1991: 112). 선묘용이 신통한 변화를 일으켜 바위로 변신한 부석[그림 2.1]에 대해 이중한은 "지금의 무량수전 서측에 큰 바위 하나가 옆으로 섰고, 그 위에 큰 돌 하나가 지붕을 덮어놓은 듯하다"라고 『택리지』에 기록하였다.[22] 부석사는 창건과정에서 사찰 건립에 반대한 고신도를 물리치고 명산영지名山靈地를 불교화하였다(김홍철, 1991:113). 선묘용이 부석으로 변해 권종이부를 몰아낸 사건의 이면에는 부석사 창건이 기존의

▽
22. 이중한은 이 바위를 얼른 보면 위아래가 서로 이어진 듯 하나, 자세히 보면 약간의 빈틈이 있어, 새끼줄을 건너 넘기면 나고 드는데 걸림이 없어, 그제야 비로소 떠 있는 돌인 줄을 알게 된다고 하였다(이중한, 2005: 184).

고신도와 국교인 불교도와 충돌을 일으켜 불사가 순조롭지 않았음을 말해준다.

선묘용의 부석변신 창건 설화는 구전으로 전해 내려오는 전설, 신화, 신앙, 허구, 상상에 가깝지만, 사회학적 사실을 밝혀내는 정황으로 바라볼 수 있다. 부석 바위, 지금까지 변함없는 주변의 자연, 지리 등과 그 시대 사회상을 표현하는 석물, 건축, 사료 등의 유물 체계들이 서로 환경적 구성을 이루어 그 시대의 사회적 의미가 사실적 차원으로 소통될 수 있는 조건이 된다.

부석사 창건 설화 속에는 역사적으로 우리의 민족 정서에 뿌리내려 전해 온 문화적 가치관이 자리 잡고 있다. 이러한 불교설화는 그 시대까지 구전된 민족의 정서가 불교와 각색되어 나타난다. 부석사가 자리 잡은 봉황산은 봉황이 알을 품는 것을 닮아 지어진 지명이다.[23] 민족사적으로는 봉황 토템이 배경이 된 '알지 신화', 가락국의 '수로왕 신화' 등 우리의 건국 신화가 보여주는 '천강天降신화', '난생신화'와 연결된다. 이렇게 구전된 봉황은 여러 신화의 배경이 된 봉황산에 부석사가 있다는 사실을 추적하게 한다. 즉, 부석사는 건국 신화가 깃든 봉황 신화를 배경으로 하는 봉황산에 선묘용 신화가 공존함으로 봉황과 용 설화를 사실적 차원으로 성립하게 한다.

선묘용의 부석변신 설화는 민간에서 전해 온 용 설화의 개념으로 접근할 수 있다. 승천과 관련된 용 설화는 용이 될 존재가 은혜를 입

---

23. 부석사는 봉황산 중턱에 위치하여, 마치 봉황이 알을 품고 있는 모습이라. 풍수가들은 봉황 포란형이라 했다(박정해, 2014: 386).

은 후 보상행위를 한다(조성숙, 2014: 29). 즉, 용의 승천은 하늘과 땅을 연결하는 의미이며 은혜를 갚는 형식으로 구전되어 왔다. 이러한 점에서, 부석사의 선묘용은 승천하였거나 승천하는 과정이라고 볼 수 있다. 무량수전 영역이 극락정토를 의미하는 것이므로 용을 의미하는 부석이 그 좌측에 있다. 선묘용이 승천하는 과정이라고 보면, 의상이 뜻하는 화엄종의 교리를 설파하는 과정에 도움을 주는 것이라 해석할 수 있다.

불교에서 말하는 용왕·용신은 '천룡팔부중天龍八部衆'[24]의 하나로서 불법을 수호하는 반신반사半神半蛇이며 범어 Naga의 역이다. 인도에서 용은 오랫동안 불교와의 대립 투쟁을 거쳐 불교의 호교자護敎者가 되었다. 용은 원시 불교 성전 이래 등장하며, 선과 악 양면의 관계를 나타낸다. 불법을 수호하는 선룡善龍으로, 특히 난타難陀, 발난타跋難陀, 사가라娑伽羅 등은 불법을 옹호하는 선신으로 존경받는 여덟 용왕에 속한다. 용왕은 불법을 옹호하고 적당한 비로 오곡 풍작을 가져오게 한다. 수중에 사는 용이 구름을 만들어 비를 오게 한다고 믿었기 때문이다.[25]

우리나라에서는 용신신앙이 먼저 토착화되고 뒤에 불교가 들어와 자리를 잡으면서 불교에 습합화한 양상으로 보인다. 불교 신앙과 토속 신앙의 공존은 황룡사나 통도사에서 나타난다. 선덕여왕의 명에

▽
24. 천룡팔부天龍八部란, 불법을 수호하는 호법신의 여덟 신장인 천天, 용龍, 야차夜叉, 건달바乾闥婆, 아수라阿修羅, 가루라迦樓羅, 긴나라緊那羅, 마후라가摩睺羅伽이다.
25. 「대룡大龍이 큰 비를 오게 한다(『신화엄경』 제43) 내용과, "대해의 용왕이 대운을 일으켜 대전광을 비추고 대홍우를 내려 만물을 윤택하게 한다"는 내용이 있다(『대지도론』 제3).

의해 자장이 건립한 황룡사와 통도사에도 용과 관련된 설화가 등장한다. 이 설화는 신라시대의 사회적 사실과 현재까지 존재하는 고고학적 흔적인 황룡사지와 통도사 금강계단과 관련된 용 신앙이 기록된 사적기를 통해 확인할 수 있다.

황룡사의 용 설화는 『삼국유사』에 기록된 「황룡사 9층탑」에서, 자장이 건립한 황룡사9층목탑과 관련된 용이 국난을 극복해 선덕왕과 신라에 조력자의 역할을 하게 된다. 이는 불교에 용 신앙의 습합을 부여한다(박다원, 2016: 201-214). 그런데 통도사 용 설화 내용은 적대적이다. 『삼국유사』에 기록된 '대산의 5만 진신'편과 내용을 달리하는 『통도사사리가사사적약록通度寺舍利袈裟事蹟略錄』에는 적대적 용들을 몰아낸 못 위에 통도사와 금강계단을 건립했다[26]는 것이다(문정필, 2020: 129-130).

부석사 창건 설화에 등장하는 선묘용도 의상의 불사에 도움을 주기 위해 권종이부를 몰아낸다는 점에서 불교와 민간이 대립하는 양상을 보인다. 선묘용의 설화는 『송고승전』 「의상전」에 등장하는 내용으로 『삼국유사』에는 없는 내용이다. 일연이 승려의 입장으로 쓴 『삼국유사』는 『삼국사기』의 역사적 틈과 불교의 관점에서 바라보았으므로 불교와 적대적인 내용은 다루지 않았을 것이다.

따라서 선묘용의 부석변신 설화는 단순한 용 설화로 인식할 내용이 아니다. 의상은 부석사를 통해 물리적으로 삼국통일을 이룬 모든 백성이 합심을 이루기 위한 계기로서 건국 신화를 상징하는 봉황산에,

---

26. 이를 증명하는 하나가 현재에도 통도사 하로전 수로에 물이 흐르고 있다. 또한, 통도사 대웅전 옆의 구룡지는 물 위에 지은 절이라는 것을 증명하고 있다(이기영·김동현·정우택, 1999: 21).

선묘용 신화가 공존하는 설화의 사실적 차원을 성립하게 하였다. 건국을 상징하는 봉황산에 부석사는 용의 승천으로 하늘과 땅의 연속성을 암시하거나, 용이 된 부석이 불교에서 말하는 불법수호라는 용의 의미를 결합해서 해석할 필요가 있는 것이다. 이러한 사실을 뒷받침할 수 있는 선묘각은 용맥에 무량수전이 세워진 후대에 선묘 초상을 안치함으로 불교가 용 신앙을 포용하는 상징성을 가진다(그림 2.2). 이는 의상이 위급할 때 용과 바위로 변해 도움을 주었던 선묘라는 상징성을 건축에 구현함으로써 '사실적 차원'을 드러낸다.

[그림 2.1] 부석

[그림 2.2] 선묘각

3.❹ 부석사 입지와 풍수지리설

풍수가들은 산세를 용으로 비유하고 부석사 무량수전 밑에 석룡이 묻혀 있다고 했다. 일제강점기(1919)에 무량수전과 조사당을 개보수할 때, 석룡의 일부가 묻혀 있어서 용이 무량수전을 품고 있는 명당이라 했다(박정해, 2014: 386).

자생적 풍수지리설은 고대로부터 불교와 무관하게 발전해 온 동아시아 전통의 공간론이다.[27] 풍수지리설의 이상적 공간은 '명당明堂'이다. 전통적 풍수지리사상을 잘 보여주고 있는 이중환李重煥의 『택리지(擇里志)』「산수(山水)」에서 '명당'의 요건에 대해 다음과 같이 설명하고 있다.

> 산수는 정신을 즐겁게 하고 감정을 화창하게 하는 것이다. 살고 있는 곳에 산수가 없으면 사람이 촌스러워진다. …기름진 땅과 넓은 들에 지세가 아름다운 곳을 가려 집을 짓고 사는 것이 좋다. 그리고 10리 밖 혹은 반나절 길쯤 되는 거리에 경치가 아름다운 산수가 있어 매양 생각이 날 때마다 그곳에 가서 시름을 풀고 혹은 유숙한 다음 돌아올 수 있는 곳을 장만해 둔다면 이것은 자손대대로 이어 나갈 만한 방법이다(이중환, 2005: 217).

이중환은 경제성과 함께 인간의 정신과 감정을 이완시키는 중요한 기능으로 '산수의 아름다움'을 꼽았다. 부석사는 아름다운 풍광을 가지는데, 자생적 풍수지리사상과 밀접한 관련이 있다. 자생적 풍수지리설은 산이 많은 우리나라에 산악과 산신 숭배사상으로 구석기시대부터 전해져왔다. 이러한 산악숭배사상은 지모관념地母觀念, 영혼불멸사상, 삼신오제사상三神五帝思想 등으로 사상적 발전을 하게 되었다. 단군檀君의 신불神市, 왕검王儉의 부도符都, 지석묘의 위치 등으로 고조선

▽
27. 풍수가들은 국도國都나 국토로부터 한 개인의 주택, 분묘에 이르기까지 그 위치가 산천의 땅 모양과 형세에 따라 길흉화복이 있다고 했다. 땅에서는 만물이 화생化生하므로 땅의 활력 여하에 따라 국가나 국토나 인생에 중대한 영향을 준다고 생각하였다.

에서 발생 기원을 추적해 볼 수 있다.[28] 또한, 신라 초기에 탈해왕의 반월성半月城 선정은 우리나라 자생적 풍수지리사상이 건축에 적용된 실례라 볼 수 있다. 그러다가 신라 말기에 당과의 문화 교류로 더욱 풍수가 발달하게 되었다.

그러므로 자생적 풍수지리설은 삼국의 건국 이전을 발생 시기로 본다. 그 이후에는 음양팔괘陰陽八卦와 오행생기五行生氣의 체계적인 학문으로 발전한다.[29] 이러한 풍수지리설의 학문적 시작은 도선이다. 그러나 도선 이전에 도교와 관련된 신선 사상이나 불교의 정황들을 볼 때, 자장이나 의상 같은 선지자들 사이에서는 이미 풍수가 횡행하고 있었다고 볼 수 있다.

불교적 풍수는 『화엄경』「십지품」에서 찾을 수 있다. 5지품이면 자연의 법칙을 꿰뚫게 되며, 8지품이면 우주의 원리를 터득하므로 자유자재로 활용하게 된다.[30] 의상의 풍수서인 '삼한산수비기'는 전해지지 않지만, 그의 비기에는 자생적으로 전해오는 풍수지리사상과 화엄사상의 불교풍수를 결합해 기록했을 것이다.[31]

▽
28. 『三國遺事』 단군신화에 나오는 "桓因이 三危太伯을 보았다"(일연, 2002: 15-16).는 말을 한울을 건설하기 위해 그 땅의 풍수지리로 해석하고, 삼위태백은 三山 즉 主山과 좌우의 靑龍·白虎를 뜻하는 것이다. 그것은 乾·離·坎이며 太伯山 또한 주산을 의미한다.
29. 그러나 그 이후에도 체계적이지는 않았지만 음양팔괘陰陽八卦와 오행생기五行生氣는 적용되었을 것이라고 대부분의 풍수가들이 말하고 있다.
30. 8지품에서 보살은 "'지수화풍地水火風'이 어떻게 구성되었는지 알며, '보물'은 원자가 어떻게 구성되었는지 알며, '중생의 몸'은 무엇으로 이루어졌는지 알며, '국토의 몸'이 가진 미세한 먼지까지 실상대로 파악한다."라고 했다(『화엄경』「십지품」내용 참조).
31. 의상이 불영사 창건에서, 입지를 선택하기 위해 산에 올라가 지형을 살피고 방위와 경관을 보고 장소를 택하였다(『朝鮮寺刹史料』下)고 하는 것은 풍수가임을 증명한다. 또한, 금강산에 대해 "오대산은 유행해 일정한 사람이 출세할 땅이나, 금강산은 무행해 무수한 사람이 출세할 땅이다."라고 해, 산의 성격이 사람에게 영향을 미친다는 도식풍수圖識風水 개념이 있었다(『新羅古記』「諭帖寺事蹟記」).

불교 풍수의 관점에서, 『돈황변문敦煌變文』「항마변문降魔變文」의 기록은 주목할 만하다. 불교의 후원자 역할을 하는 한 귀족이 부처의 수제자 중 사리불舍利弗을 대동하여 절터를 찾는 흥미로운 장면을 인용하면 다음과 같다.

…사리불의 눈을 사로잡은 절터에서, "푸른 대나무 숲이 울창하고 봄과 여름에 풍광이 화려해 생기 넘치며, 가을과 겨울에도 꽃으로 뒤덮이며, 수목은 푸른 신록으로 넘쳐나고 꽃은 등불처럼 환하게 피어있다." …이 때문에 사리불이 "이 산은 석가모니께서 한평생 살기에 충분하고 우리가 사는 이 겁 동안 천 분의 여래께서 머무르게 될 것이니 더욱 상스럽다"라고 하였다.[32]

이러한 기록에서 의상을 비롯한 불교 사상가는 '아름다운 자연 공간'이어야 '붓다가 머물며 진리를 설하기에 적합한 땅'으로 이상적인 가람伽藍이라 보았을 것이다.

의상이 부석사터가 "땅이 영험하고 산이 수려하여 참으로 불법을 설파하기 좋은 곳"이라 했다면 그의 마음속에 '영험하고 수려한 명당'은 '진리를 설하기에 좋은 아름다운 정토'와 중첩되었을 것이다. 명당의 관점에서, 부석사의 공간적 상징성은 '동심원적으로 둘러싼 산들의 중앙(김우창, 2008: 48)에 있다. 의상은 부석사 창건을 통해 통일전쟁 직후의 혼란한 사회, 피폐한 민심을 안정시키는 데 무량수전으로 정

▽
32. 竹林非常蔥翠, 三春九夏物色芳鮮, 冬際秋初殘花蓊郁, 草靑靑而吐綠, 花照灼而開紅. 此園非但今世堪住我師, 賢劫一千如來皆向此中住止,吉祥最勝(『敦煌變文』「降魔變文」).

토사상을 안착시켜 사람들에게 극락세계의 아름다움과 평온함을 부여하고자 했을 것이다. 이러한 지형에 순응하는 무량수전은 합리적인 공간구성과 배치를 실천하는 자생적 풍수지리설(박정해, 2014: 413)이 뒷받침된 것이다.

무량수전에서 바라보는 안산과 조산의 산맥은 '무한'의 시각 경험을 안겨주며, 자연스럽게 '초월'의 체험으로 이어진다. 백두대간인 태백산맥으로 연결된 소백산맥의 연봉들이 광활하게 산의 바다를 이루며 시각적 경계를 만들어 낸다. 그 안쪽으로는 영주·봉화 일대의 군봉群峰들이 우리의 시계視界와 그것을 넘어선 무한함으로 펼쳐진다. 김우창은 심리적으로 어떤 지점이나 시점을 넘어가는 시각의 한계가 무한성으로 이해될 때 초월적이라 했다(김우창, 2008: 52). 무량수전에서 바라보는 경관의 전체성은 인간에게는 초월성으로 나타나게 된다. 그러므로 의상이 말한 "땅이 영험하고 산이 수려하다"는 말은 무량수전을 안착할 수 있는 용맥이 영험하며, 산맥의 능선이 무한으로 수려하다는 것이다. 이러한 점이 "진리를 설하기에 적합하다"고 했을 것이다.

이같이 의상은 부석사를 통해 자생적 풍수지리설의 '명당'이라는 전통적 가치를 불교 관점에서 재해석하였다. 화엄종 진리를 설파하기 위해 무량수전을 명당에 안착시켜 정토로 승화된 불국토를 이루고자 했을 것이다. 그리하여 현재에도 부석사는 주산 중턱에 동·서축으로 자리 잡은 무량수전의 배치로 안산과 전망이 서로 잘 어우러지는 아름다운 모습을 하고 있다. 이 모습은 도시의 각박한 생활에 젖어있는 현대사회의 사람들이 가끔 들러 군봉들이 펼쳐진 아름다운 경관에 감동한다. 부석사는 다른 사찰에서 체험할 수 없을 만큼 수려한 기상을 가져 정서적으로 우리나라 사람들이 가장 좋아하는 절로 꼽힌다.

따라서 의상은 신라의 이곳 영주를 거쳐야만 백제, 고구려 지역으로 뻗어갈 수 있는 지리적 특성을 활용, 삼국의 백성을 불러들여 진리를 설하고 전파하기 좋은 불교적 성지로 보았다. 또한, 자생적 풍수지리사상에 화엄종의 정토사상을 구현한 무량수전을 통해, 통일전쟁 이후 삼국의 백성들을 극락세계와 같은 아름다운 불국토의 성지로 이끌어 불심으로 사회적 합심을 이루고자 했을 것이다. 나아가 부석사는 잠재된 고대사회의 자생적 풍수지리설과 불교 풍수의 융합을 구현한 무량수전의 배치를 통해 통일신라의 정치·종교상이 녹아있는 '사회적 차원'을 드러낸다.

[그림 2.3] 무량수전에서 바라본 산맥의 능선

3.❺ 민간성지에 화엄종과 정토사상의 정착

부석사의 위치는 일주문에 '태백산부석사太白山浮石寺'라고 편액이 붙어있듯이 당시 산악山岳신에 제를 지내는 신라의 삼산오악三山五岳 중 북악 일원에 위치한다고 전한다.[33] 삼국통일 시기에 성립된 산악숭배는 백제와 고구려의 영토가 편입됨과 함께 기존 부족 집단의 정치 세력을 의식하면서, 왕권의 강화라는 정치적 성격을 갖는다. 이 시기에 의상의 부석사 창건은 삼국의 공통적 종교인 불교를 통해 태백산맥과 소백산맥의 분기 지역인 이곳 영주가 백제, 고구려 세력을 흡수할 호국신앙의 의미를 지녔다. 또한, 고대로부터 전통신앙이 영위하던 터에 사찰을 창건하여 화엄종을 설파하려는 종교적 의도를 잘 보여주고 있다.

부석사의 입지는 민간신앙의 영향을 받아 불교신앙으로 습합화 되었다. 6-7세기의 산지가람의 입지는 먼저 점령된 기존의 민간의 성지 聖地와 깊이 관련되어 있다. 부석사 창건 이전에 의상이 건립한 몇 사찰의 입지 선정 과정을 보면 대부분 기존의 전통 신앙 터를 점유해 입지하였다. 의상이 처음 세웠다는 낙산사洛山寺는 민속학적 관점에서 생생력生生力의 상징인 기혈橫穴로써 당시 민간의 기도 터였고 신라 국선國仙의 정유지로 도교적 선풍 성지였다. 또한, 현존하지 않으나 불영사佛

▽
33. 그러나 실제로는 태백산에서 서남쪽으로 상당히 떨어져 있는 현 영주군의 봉황산 자락에 있으며, 절의 일주문에 '태백산 부석사'라고 이름 하는 것은 현재의 봉황산이 태백산맥의 한 줄기이기 때문이다. 즉, 영주 봉황산은 소백산 국립공원에 속하지만, 봉황산 자체는 태백산의 한 자락이다. 즉, 소백산 국립공원 안에 봉황산이 있으며, 이 봉황산은 태백산의 일부라 해석한다.

影寺는 대룡(毒龍)을 섬기는 민간신앙 세력이 자리하고 있었다.

부석사의 입지도 전통적인 민간신앙 터였다. 본래 선묘정善妙井, 부석浮石, 석룡石龍이라는 세 가지 기이함이 전해져왔다. 선묘정은 고대로부터 기우제祈雨祭를 지내던 곳으로 신성시되었다. 선묘정에 구룡이 있어 의상의 부석사 창건을 방해했다는 점은 자장이 통도사 창건 시 구룡을 물리쳤다는 '불교설화(『통도사사리가사사적약록』)'와 유사하다. 또한, 의상이 부석사 터에 당도하자 이미 전통 신앙을 따르던 무리가 있어 이들을 몰아내고 창건했다는 점, 고대인들이 현재 무량수전의 아미타불 밑에 머리를 두고 있는 석룡과 그 서측의 부석浮石을 신성하게 여겨졌다는 점 등은 전통적 민간신앙과 깊이 관계되고 있다. 이러한 세 공간은 고대 사회인들에게 신령스러운 곳으로 여겨졌을 것이다. 그 공간에 자리 잡은 부석사는 불교가 민간신앙을 흡수하려는 의도가 반영되어 있다.

이같이 부석사의 입지 선정의 조건은 불교의 입지관과 자생적 풍수지리적 조건, 그리고 전통적인 민간신앙과의 관계 속에서 고려되어야 하는 상황이었다.

의상은 부석사를 건립하는데, 불교에서 말하는 우주와 자연의 물질, 공간, 시간을 건축개념으로 적용하였다. 이러한 건축개념은 의상이 『화엄경』을 간결하게 정리한 「법계도」에서도 잘 나타난다. 「법계도」의 "하나 속에 모두요 모두 속에 하나이며 하나이자 모두요 모두이자 하나라, 가는 티끌 하나 속에 시방세계 들어 있고 온갖 티끌 낱낱 속에 온 세계가 다 들었네, 한량없이 긴 세월 눈 깜짝할 동안이고 눈 깜

짝할 그동안이 그대로가 오랜 세월"[34])이라는 대목은 자연과 우주를 이루는 물질, 공간, 시간의 관점에서 부석사가 들어서려는 경사지의 특성에 알맞는 가람배치를 구상했을 것이다. 여기에 자생적 풍수지리설도 적용하여 가장 중요한 명당에 무량수전을 세워 미래를 상징하는 극락정토를 인식되게 하였다고 볼 수 있다.

특히, 무량수전을 통한 극락정토의 구현은 세존이 『관무량수경』에서 극락을 관하는 방편을 설하는데, 두 부분을 인용하면 다음과 같다.

…이때 세존의 미간에서 광명을 내었으니, 그 광명은 금색으로 시방의 무량한 세계를 두루 비추고 다시 돌아와 부처의 정수리에 머물렀다가 변화하여 수미산과 같은 금색으로 변해 청정하고도 미묘한 불국토가 나타났다. 어떤 국토는 전부 칠보로, 어떤 국토는 연꽃으로, 어떤 국토는 자재천궁自在天宮 같이 장엄하고, 어떤 국토는 수정 거울과 같았는데, 시방세계의 불국토가 모두 그 가운데 나타났다. …이와 같이 부처님의 형상을 보고 나면 마음의 눈이 열리게 될 것이니 극락국의 칠보로 장엄한 땅과 연못과 나무들을 보게 될 것이니라(『관무량수경』).

위 내용은 『관무량수경』에 기록된 극락 경관의 몇 구절이다. 붓다는 『관무량수경』을 통해 극락을 관하는 방편과 그곳에 가는 방법을 설하였다. 정토 신앙의 중심에는 누구나 아미타불 등 부처, 보살의 이름

▽
34. 一中一切多中一 一卽一切多卽一, 一微塵中含十方 一切塵中亦如是, 無量遠劫卽一念 一念卽是 無量劫(『법계도』).

을 외치면 과거에 지었던 악겁이 소멸해 극락에 갈 수 있다는 것이다. 그러므로 무량수전은 정토 신앙의 이상향을 제시한다. 부석사의 가장 핵심적인 영역인 혈처에 무량수전을 위치시키고 서쪽에 아미타불을 안치하여 동쪽을 향하게 하였다. 이는 서방정토의 극락을 상징하는 것이며, 무량수전 주변이 『관무량수경』에 나오는 극락의 장엄한 불국 토로 땅과 연못과 나무들의 세세함을 관하는 것이다. 무량수전에 오르면서 누각을 맞이하는 것도 『관무량수경』에서 설하는 극락의 누각을 상징한다.

주산과 안산 그리고 좌우에 청룡·백호로 구성된 가장 아늑한 입지에 무량수전이 안착되고 적절한 오름길에 누각이 배치된 것은 안산이 정면으로 보이고 조산의 산맥 능선이 끝없이 이어진 무한성을 통해 극락의 불국토를 상징한다고 볼 수 있다. 이는 주요 건축물에서 볼 때 가장 아름다운 형상인 안산과 조산을 통해 극락의 불국토를 자아낸다고 할 수 있다.

그러므로 의상이 정토사상으로 건립한 무량수전 영역은 과거의 전통신앙이나 자생적 풍수지리적 배치를 통해 현재를 관통하여 미래의 극락세계를 의미하는 시간 차원의 의미를 지닌다. 사람들은 의상이 설정한 미래의 극락세계에 도착하기 전에 과거와 현재를 거치는 시간 차원의 의미를 받아들일 수 있다. 무량수전까지의 오름을 통해 과거, 현재, 미래의 시간 차원이 저절로 이입되는 화엄을 느끼는 것이다.

따라서 의상은 민간신앙 터를 배경으로 부석사가 추구하는 화엄종의 최종 목표를 서방정토의 무량수전으로 미래불을 상징화하였다. 미래의 극락을 상징하는 무량수전에 당도하기 위해 현재의 땅을 오르면서 과거의 비로자나불을 상징하는 화엄의 법계를 실천하는 방법으로 부석사를 창건했다. 삼국의 백성들이 과거의 민간신앙이 행해진 장소를 계승하여 화엄종에 담긴 과거, 현재, 미래의 '시간적 차원'이 공존하는 동시성同時性(simultaneity)[35] 의 부석사가 성립된 것이다.

3.❻ 사실적·사회적·시간적 차원이 구현된 부석사

본 절은 지금까지 논의한 부석사 창건과 관련된 세 가지 구성요소인 용 신앙, 자생적 풍수지리사상, 민간신앙이 융합되어 화엄종 사찰에 구현된 내용을 통일신라에 나타난 사회적 이념으로 논의하고자 한다.

이념理念(ideology)이란 한 시대에 독특하게 나타나는 관념, 믿음, 주의 등을 통틀어 이르는 말이다. 이데올로기는 그 시대 사회를 배경으로 세계를 설명하고 변화를 뒷받침하는 관념체계다. 질 들뢰즈Gilles Deleuze는 이념을 '문제제기적'이라 했다(Gilles Deleuze, 2004: 369). 그는 이념들 그 자체로 문제를 제기하고 설정한다고 했다. 이에 건축은 한 시대의 정치, 사회, 계급의 양상을 표현하기 때문에, 여기에 담긴 이념의 측면을 살펴보고 문제를 제기할 수 있다. 특히, 우수한 전통 건축은 계층화로 분절·분화된 전통사회가 표현된 공간예술이다(Nobert Schoenauer, 2004). 이러한 건축물을 분석하면 그 시대와 사회의 이념을

▽
35. 동시성이란 공간에 시간을 더하여 사고하는 것이다.

도출할 수 있다. 부석사 창건과 무량수전에 구성된 사회적 이념을 도출하고자 하는 것은 이념을 객관적으로 인식하고 판정하는 지성을 개념화할 필요를 가진다.

부석사 창건에서 추출될 수 있는 세 가지 사상은 무량수전에 응집되어 있는데, 그것은 용신사상, 풍수지리사상, 정토사상이다. 용신·풍수지리·정토사상은 서로에게 폐쇄되어 블랙박스화 되었기 때문에, 창건 설화와 무량수전을 해체하여 세 가지 체계로 논의하였다.

부석사 창건 설화와 함께 무량수전에 잠재된 세 가지 사회 사상적 체계는 니콜라스 루만Niklas Luhmann의 사회적 체계이론으로 접근할 수 있다. 루만은 사회적 소통이 다양한 기능체계로 구성되어 그 체계들 자체는 폐쇄적이나, 서로에게 환경이 되어 자기 생산체계를 이룬다고 했다(Moeller, 2006: 24). 루만이 말하는 체계는 전체(whole picture)를 제시하는 실제는 아니지만 서로 환경적으로 구성되고 구조적 연동 의미로 소통될 수 있는 오토포에틱auto-poetic 조건을 이룬다는 것이다. 그러므로 무량수전은 창건설화에 내재한 용신사상, 풍수지리사상, 정토사상의 체계들이 서로 환경적으로 구성되어 그 시대 사회상을 바라볼 수 있는 자기생산적 의미를 지닌 이념적 건축으로 논의할 수 있을 것이다.

루만은 사회가 소통을 통해 통일의 의미를 현재화 하는데, 이를 '의미차원'이라 하고(Niklas Luhmann, 2012: 63-82), 그 의미는 사실적·사회적·시간적 차원으로 분석될 수 있다고 하였다(Margot Berghaus, 2012: 176).[36] '사실적 차원'은 항상 내적/외적 기준에 따라 구별이 이루어진다. '사회적 차원'은 자신의 관점과 타인의 관점이 자아와 타자에 따라 유의미하게 구분된다. '시간적 차원'은 사람들이 행하고 말하고 관찰하는 이전/이후, 먼저/나중, 과거/미래의 구별에 따라 유의미하게 작동된다. 이러한 차원의 의미는 세계 안에 숨어있는 것이 아니라 작동자와 관찰자에 의해 속성이 할당된다(Margot Berghaus, 2012: 175-177).

그러므로 앞 절에서 논의한 세 가지(용신사상이 반영된 창건설화, 부석사 입지와 풍수지리설, 민간성지에 화엄종과 정토사상의 정착) 결과와 루만의 사회적 체계 이론을 종합하여 볼 수 있다. 그것은 '용신사상'이 불교의 용 의미와 결합하여 구현된 '사실적 차원', 자생적 풍수지리설과 불교풍수가 결합하여 구현된 '사회적 차원', 민간신앙 터에 정토신앙으로 거듭난 '시간적 차원'으로 도출할 수 있다.

'용신사상'이 불교의 용 의미와 결합하여 구현된 '사실적 차원'은 용 설화를 통한 전설, 신화, 신앙에 깃든 사회적 사실들을 통해 불교 설화로 전이된 내용을 강조할 수 있다.

'자생적 풍수지리설'과 '불교풍수'가 결합하여 구현된 '사회적 차원'은 부석사 창건의 시대적 배경에서 통일전쟁 이후 고대사회의 기억과 종교사회의 이상향으로 통일신라의 사회를 이끄는 내용으로 집약될 수 있다.

'민간신앙 터'에 '정토신앙'으로 거듭난 '시간적 차원'은 전통적인 화

▽
36. 이철은 루만의 의미를 사안 차원, 사회적 차원, 시간 차원으로 해석했고, 주요섭은 의미를 사실적 차원(the fact dimension), 사회적 차원(the social dimension), 시간적 차원(the temporal dimension)으로 해석했다(주요섭, 2022:287). 이에 본 내용은 주요섭의 해석을 기준으로 접근해 이념화 했다.

엄종 사찰의 공간에 시간개념을 더해 동시성으로 해석할 수 있다.

따라서 부석사는 루만이 말하는 사회적 체계이론인 사실적·사회적·시간적 차원으로 각각 용신사상, 풍수지리사상, 전통적 민간신앙이 화엄사상과 정토사상으로 습합화되어 용신사상의 사실적 차원, 풍수지리설의 사회적 차원, 정토사상의 시간적 차원으로 이념화된 체계로 확립할 수 있다.

4. 부석사 창건과 무량수전에 구성된 사회적 정서

부석사 DNA
범성계의 구현, 어름으로 화엄의 시·공간을 탐색하다.

본 장은 부석사 창건과 무량수전에 구성된 정서를 밝혀 보고자 한다. 용신사상의 사실적 차원, 풍수지리설의 사회적 차원, 정토사상의 시간적 차원을 종합하여 부석사 창건과 무량수전에 구성된 사회상을 정서적으로 정립하였다.

4.❶ 용신사상의 사실적 차원

부석사는 '용신사상'으로 '사실적 차원'에 접근이 가능하다. 용은 동아시아 설화에 등장하는 상상의 동물이며, 한국의 왕조에서는 왕을 상징한다. 광개토대왕릉비에는 동명성왕이 황룡을 타고 승천했다고 기록되어 있다. 문무왕 때에는 부석사 창건 설화에 등장하는 선묘용 외에 왕과 관련된 용 설화도 존재한다.[37) 문무왕은 유언을 통해 바다 왕릉인 대왕암과 물길로 연결한 감은사를 지어주면, 자신이 그곳에서 해룡이 되어 왜구를 물리치겠다고 했다.

부석사의 선묘용도 문무왕과 관련된 용과 유사한 이야기를 갖는다. 의상이 위급할 때, 용과 바위로 변해 권종이부들을 몰아내고 지금은 석룡이 되어 무량수전을 품어 부석사를 지키고 있다는 것이다. 이러한 용 설화는 용신사상을 추구했던 사회적 사실이 전설, 신화, 설화, 신앙 등으로 혼합되어 있다. 자연물이나 여러 유물이 증거가 될 수 있지만 사회적 과정을 밝히기에는 다소 부족하다. 그렇지만 용 설화의 공통점은 역사적이고 사회적인 사실이 구전되고 후대에 간단한 문자로 상징화되어 전해졌기 때문에 사적기를 포함한 지금까지 발견된 고

▽

37. 문무왕은 유언에서 바다에 왕릉을 건립하게 하고, 왜구가 침입해 오면 용이 되어 그들을 막겠다고 했다. 그는 왜병을 진압하기 위해 감은사 건립을 시작했으나 중도에 죽자, 그의 아들인 신문왕 神文王 (2년, 682년)에 의해 완성했다. 감은사에는 금당의 기단 아래에 동향으로 구멍을 두어 이곳으로 해룡이 된 문무왕이 들어 오게 되어 있다. 유서에 따라 골骨을 매장한 곳이 절의 앞 바다에 있는 대왕암이라고 기록되어 있다(일연, 2002:104). 대왕암은 지금의 동해 봉길 해수욕장 앞 바위섬으로 추정하고 있다.

고학적 유물이나 전해오는 전통 건축의 해석을 최대화하여 사회학적 사실로 논의할 수 있다.

때문에, 3.3에서 용신사상을 '사실적 차원'으로 접근해 용 설화와 관련된 역사·전통의 사상적 사회이념으로 해석하였다.

부석사 창건에 나타난 선묘용 설화는 우리나라에 토착화된 봉황의 건국 신화나 용신 신앙 이후에 불교가 들어와 자리를 잡으면서 습합되는 사실적 차원의 양상을 보여준다. 사찰의 창건 설화가 되기까지는 그 시대까지 구전되어 온 민족의 정서가 불교와 각색되어 불교 설화로 거듭난다. 보편적으로 용 설화는 용이 될 존재가 은혜를 입어 인과적 보상행위를 한 후 승천한다고 했다. 부석사 창건 설화에 나오는 선묘용은 가려져 있는 용의 승천 조건과 불교의 공덕이 융합되어 있다. 즉, 선묘용은 의상의 불사에 도움을 준 공덕으로 승천하였거나 승천하는 과정이다. 부석사 창건과 관련된 선묘용 설화는 용신신앙이 먼저 토착화되고 뒤에 불교가 들어와 불교설화로 변해가는 과정인 것이다.

따라서 부석사는 민간설화에서 불교설화로 전이 이동된 사회적 변동이 반영된 사실적 차원으로 통일신라 문무왕 시대의 사회상을 엿볼 수 있는 것이다.

4.❷ 풍수지리설의 사회적 차원

부석사는 '풍수지리설'에 대한 '사회적 차원'으로 종합화 할 수 있다.

우리나라의 풍수지리설[38]은 생명체인 땅에 흐르는 생기를 파악하여 터전을 잡는 방법이다(이효걸·김복영, 2000: 31). 우리나라의 풍수지리설은 중국의 음·양풍수 이론과 밀교에서 영향을 받은 도선道詵에 의해 체계화되었다. 그러나 도선 이전에 창건한 부석사는 삼국시대에 공통적으로 받아들였던 불교와 그 이전의 도교나 유교 그리고 원시종교가 혼합된 사회적 배경의 자생적 풍수지리설에 영향을 받았다. 그것은 고대사회에 성행했던 산악숭배사상, 지모관념, 영혼불멸사상 및 삼신오제사상[39] 등이다. 또한, 부석사가 세워지기 전의 신라나 통일신라 왕조는 왕권 강화를 위해 불교를 국교로 하였으므로 선승들에 의한 불교 풍수도 성행한 사회였다. 이러한 사상들을 결합한 부석사의 입지는 신라 오악 중 중앙인 태백산과 소백산 사이의 북악이라는 지리상에 위치해 삼국의 백성이 쉽게 접근해 사회적 평등성을 이루고자 하였을 것이다. 의상은 삼국의 백성이 진정한 통일을 향한 합심과 단일민족의 얼을 생성하기 위한 지리적 위치에 부석사 창건을 정하고 통일전쟁 이후 고대사회의 기억과 종교사회의 이상향을 그 시대 사회의 백성들에게 전달했다.

때문에, 3.4에서 언급한 삼국통일 이후의 정치·사회의 배경에서 자생적 풍수지리설과 불교풍수를 융합해 의상의 풍수지리사상으로 접

▽
38. 풍수지리설은 땅을 생명체로 보고, 기氣와 혈血로 땅의 생기는 바람(風)과 물(水)로 이동된다는 이론이다. 땅의 이동통로는 맥脈이며, 기는 바람으로 흩어지고 물과 작용하면 머문다. 생기 있는 땅은 물을 얻고 바람의 갈무리를 잘해 풍수風水라 한다. 땅은 기가 모이는 정혈正穴과 그 혈穴이 주변과 유기적인 관계를 이룬다.
39. 삼신오제사상은 풍수지리설이 발생하게 된 모체적 사상이 된다.

근할 수 있는 사회적 차원으로 해석했다.

부석사는 아름다운 풍광과 함께하며, 무량수전은 명당에 안착되어 있다. 무량수전은 자생적 풍수지리설과 불교의 정토신앙이 결합되어 배치를 이룬다. 고대의 사회상과 연속된 전통적인 전설, 신화, 설화, 신앙적 가치의 계승과 함께 불교 교리를 구현한 건축물인 것이다. 자생적 풍수지리설, 불교풍수, 『돈황변문』「항마변문」의 불교 교리에서 전하는 공통점은 산수나 풍광이 주는 아름다움을 추구한 것이다. 아름다움은 오늘날의 풍수적 관점에서 바라보는 지관, 불교도, 일반인, 관광객 등 모두에게 유의미하게 구분되어 무량수전의 의미와 그 주변을 바라볼 수 있게 한다.

따라서 부석사는 무량수전을 통해 도선 이전의 고대에 행해졌던 자생적 풍수지리적 의도를 알 수 있고, 불교의 풍수와 불 교리를 인식하면서 의상과 소통할 수 있으며 통일전쟁 이후 백성들이 합심할 수 있는 장소성으로 소통을 이룬 통일신라시대의 사회상을 가늠할 수 있다.

4.❸ 정토사상의 시간적 차원

'정토사상'에 대한 '시간적 차원'은 민간신앙 터에서 거듭났다. 부석사 무량수전은 화엄종 사찰의 중요한 의미를 지니고 있다. 의상은 불교를 국교로 하는 신라의 정치·사회적 기반에서 화엄을 알리기 위한 장소로 부석사를 설정하고, 백성이 화엄종에 쉽게 접근하기 위해 정토사상에 따라 무량수전을 안착시켰다.

그 방법은『화엄경』과『관무량수경』을 통해 계단과 석단으로 무량수전까지 오르면서 실천하는 화엄으로의 수행을 이끌었다. 즉, 화엄을 통한 깨달음의 끝은 부처의 경지에 도달한 자만이 극락세계에 도달한다는 의미가 담겨있다. 이 의미는 현세에서 내세를 지향하는 정토사상이 작용한다는 점에서 시간적 차원이 발생된다. 현세와 정토의 시간 차원은 실제와 가상 모두를 작동하는 개념을 도입하므로 이를 인식하는 순간에 시간의 변화를 포착한다(이철, 2018: 31).

그러므로 3.5에서는 전통적인 민간성지에 화엄종과 정토사상을 정착한 내용을 정리하였다. 이 장소에 부석사는 사찰 진입을 시작으로 과거와 현재를, 무량수전 영역에서는 미래를 지향하는 삼세적 시간성을 도출해 화엄을 상기시켰다.

무량수전은 미래의 극락세계를 상징한다.『관무량수경』에서 설한 불국토를 배경으로 하는 가람伽藍의 이상은 부처가 머물며 진리를 설하기에 적합한 터이다. 또한, 화엄은 여러 수행을 하고 만덕을 쌓아 장엄함과 함께한다는 것이다. 장엄하다는 것은 위엄이 있고 엄숙한 아름다움이 있는 미래의 극락세계를 상징한다. 현실 세계의 무량수전은 정토 신앙의 핵심적인 방향성을 가지며 화엄종의 지향점과 풍수지리 사상과 결합한 의미가 있는 혈처에 자리했다. 이러한 명당은 부석사 창건 전에 민간 신앙지로 선점되었던 과거를 회상할 수 있다.

따라서 화엄종 사찰인 무량수전의 현재는 불법의 과거와 극락의 미래를 관통하는 시간성을 인식할 수 있지만, 과거 전통 신앙의 기억의 요소인 선묘정, 부석, 석룡과 함께해 온 시간 이념의 대립으로 통일신라시대의 문무왕과 의상이 지닌 권력 행태의 사회상을 엿볼 수 있는 것이다.

4.❹ 부석사 창건과 무량수전에 구성된 사회상

　이상으로 부석사 창건 설화와 무량수전의 구성으로 가늠할 수 있는 통일신라시대 문무왕조의 사회상을 도출하였다. '용신사상의 사실적 차원', '풍수지리설의 사회적 차원', '정토사상의 시간적 차원'이라는 세 가지로 구분된 사회상은 서로 환경적으로 구성되어 무량수전으로 구현된 배치에서 다음과 같은 가치를 지닌다.

　첫째, 부석사 창건에 나타난 선묘용 설화는 용신신앙에 불교가 들어와 자리를 잡으면서 절충되는 양상이다. 선묘용은 민간신앙에서 용의 승천 조건과 불교의 공덕이 융합되어 자리를 잡아가는 불교 설화로 인식된다. 이러한 사실적 차원은 민간설화에서 불교 설화로 전이 이동된 이념적 가치를 드러낸다.

　둘째, 부석사는 아름다운 풍광과 함께하며 무량수전은 명당에 안착해 있다. 무량수전은 자생적 풍수지리사상과 불교풍수가 결합된 배치를 이룸으로 고대에 사찰의 터를 선정하는 지리적 의도와 불교리가 자리를 잡아 그 시대 사회와 소통을 이루는 이념적 가치라 할 수 있다.

　셋째, 부석사 무량수전은 극락의 불국토를 배경으로 하는 이상적 가람을 상징한다. 현실 세계의 무량수전은 정토를 상징하는 화엄종의 지향점과 풍수지리설로 자리 잡은 혈처가 결합한 의미이다. 이러한 현재는 미래의 극락을 지향하고 과거의 전통 신앙을 기억하는 시간의 이념적 가치를 가진다.

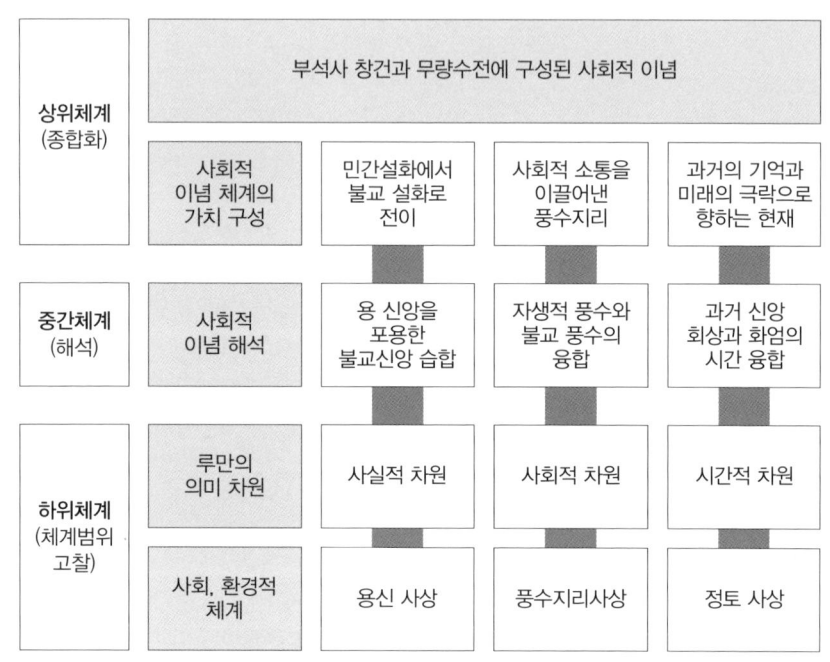

[그림 2.4] 부석사 무량수전에 구성된 사회적 이념

이상의 용신사상의 사실적 차원, 풍수지리사상의 사회적 차원, 정토사상의 시간적 차원이 가지는 상징성은 그 시대의 사회상이 구현된 무량수전에 깃들어 있는 것이다. 그것은 부석사의 위치와 무량수전의 배치에서 창건 설화와 관련된 용신신앙, 불교신앙에서 용의 의미, 자생적 풍수지리사상, 불교 풍수, 장엄한 극락정토의 이상, 민간신앙 등이 통일신라 문무왕조시대가 요구하는 사회적 이념을 드러내고, 이들이 하위체계를 이루고 무량수전에 구성되는 것이다. [그림 2.4]는 부석사 창건과 무량수전에 구성된 사회적 이념을 정리한 것이다.

   그럼에도 우리는 화엄종을 추구한 무량수전의 공간적 의미를 좀 더 이해할 필요가 있다. 통일전쟁이 끝난 후, 의상과 그의 제자들은 세상에서 가장 아름다운 명당에 크고 작은 자연석을 자연스럽게 맞추어 석축을 쌓고 그 당시 가장 아름다운 건축물인 무량수전을 건립해 삼국의 백성들에게 기도처로 내어주어 민심을 달랬다. 이는 풍수지리설에서 말하는 명당을 최상의 권력자가 아닌 일반 백성들과 공간을 공유해 소통성을 확립한 정치·종교·사회상이 존재했다고 볼 수 있다.

III 해동화엄종찰 부석사, 의상의 DNA

부석사를 해동화엄종찰, 의상을
해동화엄초조라 하는 근본성을 분석한다.

5. 「화엄일승법계도」와 부석사의 건축개념

부석사 DNA
법성게에 구현, 오름으로 화엄의 시·공간을 탐색하다.

본 장은 의상의 「화엄일승법계도」와 부석사의 건축개념에 대해 분석하고자 한다. 구성은 화엄일승사상을 표현한 부석사, 「화엄일승법계도」를 적용한 부석사의 해석 전개, 물질·공간·시간과 우주 본질을 통찰하여 오름의 이타적 수행과 해인삼매, 완전한 깨달음에서 오는 극락세계의 공존, 부석사의 건축개념인 「화엄일승법계도」에 대해 분석하고자 한다.

5.❶ 화엄일승사상을 표현한 부석사

부석사를 '해동화엄종찰海東華嚴宗察'이라고 하는 것은 의상이 교단을 통해 「법계도」를 중심으로 화엄사상을 널리 알렸기 때문이다. 또한, 불교계는 「법계도」를 통해 한국적 화엄을 최초로 알린 의상을 '해동화엄초조海東華嚴初祖'라 칭송했다.

의상의 「법계도」는 우주에 존재하는 모든 것들이 공존과 화해로 평화, 포용과 상호존중으로 통합 가능한 화엄일승華嚴一乘의 경지를 담았다. 의상은 모든 존재들이 상호의존·침투하는 연기緣起적 대통합 원리를 「법계도」에 표현하였던 것이다. 화엄일승의 일一은 다多의 상입상즉相入相卽한 관계 속에서의 일一이다. 일一은 「법계도」의 몇 구절에서도 나타난다. 예를 들면 '하나에 모두가 있고 모두에 하나(一中一切多中一 一卽一切多卽一)'라고 하여 사물의 구성이 개체가 아니며 서로 유기적 관계를 이루고 있다는 것을 의미한다. 일체 만상이 하나로 통합되는 동시에 그 하나 역시 일체 만상에 있다는 것이다.

법계연기의 개념으로 해석한 일一의 의미는 동시대의 불교 사상가였던 원효의 일심一心[40]으로 설명할 수 있다. 그는 모든 것은 일심一心 즉, 하나의 마음에서 나온다는 사상을 주장하였다. 모든 존재와 현상은 본질적으로 하나라는 깨달음을 통해 화합과 조화를 강조했다. 원효는 일심사상을 통해 우주의 수용처로 마음이라는 단어를 사용했다.

▽
40. 일심은 하나의 큰마음을 뜻하며 선악, 진망, 진속, 동의가 다 포함되어 있다(유승무·신종화·박수호, 2016: 6-8).

마음이 모든 것을 지어낸다는 일체유심조一切唯心造가 그것이다. 인간의 삶이 온전하지 못하다는 것은 마음이 하나 되지 못하기 때문이라는 것이다. 그래서 그는 일반 대중들이 일념으로 아미타불만 외쳐도 깨달음의 세계로 갈 수 있다고 했다.

의상도 원효의 일심사상에 동의한 것으로 보인다. 화엄일승의 입장에서 아미타불의 극락세계는 비로자나불의 연화장세계에 속해있기 때문에, 현세에서 자성의 본각 즉, 자신이 깨달아 본래 가지고 있는 순수한 마음을 회복하는 것이 정토이므로 현세의 예토와 정토가 하나이며 그것이 바로 일심一心에서 이뤄진다는 것이다. 때문에, 의상은 부석사 건립 시 현재불로서 중생 구제를 서원한 미래불인 아미타불에 일심一心으로 귀의하도록 했던 것이다. 그러므로 의상의 정토사상은 화엄일승사상에서 확장된 것이며 대중에게 화엄을 쉽게 전달하는 수단으로 부석사에 무량수전을 부각하였다.

의상은 부석사터의 경사지를 활용해 9단의 석단을 구축했는데, 이는 『관무량수경』에 나오는 삼배구품 즉, 구품왕생사상을 의미하는 것이다. 9단의 석단은 10개의 터로 구성되는데, 이는 『화엄경』「십지품」에 등장하는 보살행 10단계의 실천에 이르게 하는 수행의 의미를 지닌다.

따라서 정토는 연화장세계에 속해 화엄일승으로 표현되는 것이다. 「법계도」는 『화엄경』「십지품」에서 말하는 수행과정이나 결과에서 해인삼매에 이르고 깨달아 정토에 이르는 과정이 순차적으로 나열되어 부석사의 건축적 개념으로 작용하였다고 본다. 이러한 개념이 부석사 창건에 적용된 이유는 화엄사상을 통해 전쟁으로 피폐해진 삼국의 백성들이 화해하고 존중하여 현재에서 행복한 극락세계와 맞닥뜨리는 화엄일승華嚴一乘의 경지로 이끌기 위한 의상의 염원이 크게 작용했을 것이다.

5.❷ 「화엄일승법계도」를 적용한 부석사 해석 전개

지금부터는 「법계도」를 분석해 부석사의 오름 공간을 해석하고자 한다.

「법계도」는 의상이 『화엄경』과 『십지경론』을 축약하였으므로 근본이 되는 『화엄경』「십지품」의 보살 수행단계를 접근시켜 해석하고자 한다. 여기에 '삼종세간三種世間'도 더해 해석하고자 한다. 그러므로 부석사 오름 공간의 해석으로 「법계도」, 「십지품」, '삼종세간'을 삼각 구도로 적용해 설명하고자 한다.

먼저, 부석사를 「법계도」로 해석하기 위해 사찰의 순례 공간을 세 영역으로 구분하고자 한다. 화엄종 사찰은 과거불, 현세불, 미래불이라는 삼신불 영역으로 구성되어 있으므로 부석사도 세 영역으로 가정하고자 한다. 여기에 「법계도」역시 세 영역으로 구분하고자 한다.

의상은 「법계도」를 지을 때 '자리행自利行', '이타행利他行', '득이익得利益(수행으로 얻는 이익)'이라는 세 영역으로 구성하였다. 「법계도」는 부처로 깨달은 진리의 모습을 설하는 '자리행'과 부처가 중생을 위해 설법한 '이타행' 그리고 올바른 수행의 방편과 수행의 결과로 깨달음을 얻는 것을 묘사한 '득익'으로 구성되어 있다(최연식, 2015:19). 총 30구절로 구성된 「법계도」는 자리행 1-18구절이며, 이타행 19-22구절, 득이익 23-30구절로 구분된다. 자리행은 수행자 자신의 수행 기반인 생멸심의 본래 모습을 회복하여 사물이나 현상 본질 그대로를 통찰하고자 노력하는 것이다. 이타행은 수행자가 다른 사람을 도와 출가자 자신과 동일하게 이끌면서 생멸심의 본래의 모습을 회복하도록 하는 것이다. 득이익은 올바른 수행의 모습을 그린 자리이타행의 방편과 수행의 결과로 깨달음을 얻는 것을 표현한 득익得益인 것이다.

여기에 「십지품」은 1-6지, 7-8지, 9-10지라는 세 영역으로 구분하여 접근한다. 1-6지는 제1지 환희지歡喜地 · 제2지 이구지離垢地 · 제3지 발광지發光地 · 제4지 염혜지焰慧地 · 제5지 난승지難勝地 ·제6지 현전지現前地이며, 7-8지는 제7지 원행지遠行地 · 제8지 부동지不動地이며, 9-10지는 제9지 선혜지善慧地 · 제10지 법운지法雲地로 구분된다.[41]

의상은 「법계도」를 지을 때 삼종세간도 포함했을 것이다. 삼종세간은 「법계도」와 찾아야 할 부석사의 삼신불 영역과 개연성을 이루고 있으므로 가람의 영역을 해석할 때 고려해야 할 내용이다. 여기서 세간世間은 시간과 공간을 의미하는데, 삼종세간은 우주의 세 가지의 세상

▽
41. 「십지품」의 제1 환희지歡喜地는 번뇌를 끊고 마음속에 환희를 일으키는 경지, 제2 이구지離垢地는 계율을 범하는 몸을 깨끗하게 하는 경지, 제3 발광지發光地는 지혜의 광명이 발현되는 경지, 제4 염혜지焰慧地는 지혜가 더욱 성장하는 경지, 제5 난승지難勝地는 불법에 통달하게 되어 이길 자가 없는 경지, 제6 현전지現前地는 가장 뛰어난 지혜를 내어 이르는 진여眞如에 이르는 경지, 제7 원행지遠行地는 광대무변한 진리의 세계에 이르는 경지, 제8 부동지不動地는 진여에 이른 후 다시는 번뇌에 동요되지 않는 경지, 제9 선혜지善慧地는 좋은 지혜를 얻어 설법하는 경지, 제10 법운지法雲地는 수혹修惑을 끊고 끝없는 공덕을 갖추어 불법으로 모든 사람에게 이익이 되는 일을 행하는 경지다(「화엄경」「십지품」).

을 일컫는다. 삼종세간은 기세간器世間, 중생세간衆生世間, 지정각세간 智正覺世間으로 구분된다. 기세간은 중생을 수용하는 세간으로서 우리가 살고 있는 물질세계다. 중생세간은 과거·현재·미래에 걸쳐 변화하는 세계로서 마음과 몸을 이루는 다섯 가지 요소인 오음五蘊으로 구성되며, 인간·천상·지옥 등으로 존재 양상에 차별이 있다. 지정각세간은 부처나 보살의 세계로, 부처의 지혜로써 세간과 출세간의 만법萬法을 두루 아는 세간이다. 의상은 삼종세간 안에 일체 법法이 모두 포함된다고 보았다.

「법계도」는 부처가 깨달음을 얻은 후 그 깨달음을 보살에게 가르치고, 그 가르침을 따라 수행하여 깨달음을 얻는 과정을 이야기하고 있는『화엄경』을 압축한 표현이다. 나아가 의상이 창건하고 표현한 부석사와 「법계도」는 서로 관련이 있다. 그래서 화엄종찰에서 흔하게 삼신불로 구분되는 과거불, 현세불, 미래불 영역으로 가정하고 「법계도」에 「십지품」, 삼종세간을 접근시켜 해석하고자 하는 것이다. 결국, 부석사의 오름 공간과 「법계도」와 「십지품」과 삼종세간은 각각 세 영역으로 구분할 수 있는 공통적 흐름을 가지므로 「법계도」를 분석하면서 공통적 영역을 서로 관련시켜 부석사를 해석하고자 한다. 이를 위해 부석사의 옛 일주문 터에서 범종각 아래 구간을 '하로영역', 범종각부터 안양루 아래 구간을 '중로영역', 안양루와 무량수전 구간까지를 '상로영역'으로 명명하고자 한다.

5.❸ 물질·공간·시간과 우주 본질의 통찰

부석사는 경사지를 극복하기 위해 석축을 쌓아 단을 구성하였다. 일주문에서 무량수전 영역에 이르기까지 석단 수는 9단이며 10개의 터에 이루는데, 이는 『관무량수경』의 삼배구품의 교리와 「십지품」에 따른 것이다. 「법계도」 첫 번째 영역인 「십지품」 제1 환희지-제6 현전지는 부석사의 하로영역인 1-6번째 터에 해당한다고 보며 옛 일주문 터로부터 범종각 하부까지의 영역이다. 의상이 부석사의 배치 개념에 적용한 「법계도」의 첫 번째 영역인 1-18구절의 내용은 다음과 같다.

1. 오묘하고 원만한 법 둘이 없나니
2. 본바탕 고요하고 산 같은 진리
3. 이름과 모양 다리 모다 없나니
4. 아름아리 누가 있어 증명할거나
5. 깊고도 현묘할 손 진리의 성품
6. 내 성품 못 벗으면 인연 따라 이루네
7. 하나에 모다 있고 많은데 하나 있어
8. 하나 곧 모다이고 모다 곧 하나이니
9. 한 티끌 작은 속에 세계를 머금었고
10. 낱낱의 티끌마다 세계가 다 들었네
11. 한없는 긴 시간이 한 생각 찰나이고
12. 찰나의 한 생각이 무량한 긴 겁이니

13. 가없고 넓은 세계 엉킨 듯 한덩이요

14. 그러나 따로따로 뚜렷한 만상일세

15. 처음 내킨 그 마음이 부처를 이룬 때고

16. 생사와 열반의 본바탕이 한 경계니

17. 있는 듯 이사 분별 흔연히 없는 그곳

18. 시방제불 나투신 부사의 경계로세[42]

이와 같이 「법계도」 초입부가 되는 1-18구절은 부처의 가르침인 자연, 우주의 원리를 그대로 표현하고 있다. 부석사의 진입부에 해당하는 곳으로 옛 일주문 터부터 범종각 아래까지의 영역에 해당된다. 이 영역은 법의 세계에 들어가 스스로 수행하려는 의지로 갖는 '자리행' 영역이며 '삼종세간'에서 '기세간'의 영역인 '무정세간無情世間' 즉, 물질, 공간, 시간이 존재하는 세상으로 이해할 수 있다. 그리고 「십지품」의 '제1 환희지에서 제6 현전지'는 번뇌를 끊고 몸을 단정히 하고 지혜의 광명을 맞아 더욱 성장해 불법에 통달하게 되어 진여眞如에 이르는 경지를 말한다. 이러한 내용으로 미루어 볼 때, 옛 일주문 터에서 사찰 공간으로 순례하는 과정은 지혜를 내어 수행에 들어가 진여에 이른다는 것을 의미한다.

「법계도」 1-18구절은 의상이 부석사 건축 프로그램을 구상하면서,

▽
42. 法性圓融無二相 諸法不動本來寂 無名無相絕一切 證智所知非餘境 眞性甚深極微妙 不守自性隨緣成 一中一切多中一 一卽一切多卽一 一微塵中含十方 一切塵中亦如是 無量遠劫卽一念 一念卽是無量劫 九世十世互相卽 仍不雜亂隔別成 初發心時便正覺 生死涅槃相共和 理事冥然無分別 十佛普賢大人境(「법계도」1-18구절)

절터의 입지와 건축물 건립이라는 과제를 화엄 사상으로 탐색하고 분석하는 단계로 볼 수 있다. 건축에 적용한 개념은 자연의 이치를 물질, 공간, 시간의 요소로 구성된 불교의 우주론으로 정의하고 있다.

예를 들면, 「법계도」의 구절에서 "3. 이름과 모양다리 모다 없나니, 4. 아름아리 누가 있어 증명할거나"라는 구절은 눈에 보이는 모든 것이 실제가 아니며, 이름도 사람이 지어내어 사물에 붙여졌을 뿐 진실이 아니라는 것이다.

또한, "7. 하나에 모다 있고 많은데 하나 있어, 8. 하나 곧 모다이고 모다 곧 하나이니, 9. 한 티끌 작은 속에 세계를 머금었고, 10. 낱낱의 티끌마다 세계가 다 들었네."라는 구절은 생물학과 우주론의 세포, 분자, 원자로 구성된 미시세계와 이러한 세계를 포함하는 항성과 행성 등의 거시세계를 동시에 설한 것이다. 여기서 건축은 미시세계와 거시세계의 중간의 세계로 생각할 수 있다. 동양사상에서 우주宇宙의 뜻은 집을 지칭한다.[43] 우주란 한없이 솟구치는 공간과 한없이 넓은 시간을 의미한다.

「법계도」의 시간개념은 "11. 한없는 긴 시간이 한 생각 찰나이고, 12. 찰나의 한 생각이 무량한 긴 겁이니" 라고 했다. 의상은 시간개념도 부분과 전체가 서로 유연하게 작동하는 것을 설했다.

「법계도」에는 변화하는 우주의 세계도 담고 있다. "17. 있는 듯 이사 분별 흔연히 없는 그곳"이라는 구절은 물질과 공간도 영원하지 않고

▽
43. 우주宇宙의 집우 집주는 공간과 시간을 가리킨다. 즉, 집은 건축의 시·공간으로 의미할 수 있다.

변화한다는 의미를 담고 있다. 이는 「마하반야바라밀다심경摩訶般若波羅蜜多心經」에서 언급한 '색즉시공 공즉시색色卽是空 空卽是色'과 일맥상통한 말이다. 즉, 끊임없이 변화되는 자연의 원리로 모든 대상은 실체가 없다는 것을 전하고 있다.

이러한 우주의 이치를 알아차린다는 것은 「십지품」의 제5 염혜지 단계이며, 이는 정진하여 깨달아 지혜가 높아져 본체와 현상의 분별심이 없어지면서 도에 다가가는 것이다. 즉, 부석사에 들어오면서 깨달음에 다가가려는 의지를 가지고 진여眞如에 이르는 영역이라 볼 수 있다.

그러므로 의상은 부석사를 건립하는데, 자리행 영역(「법계도」1-18구절)은 우주와 자연에서 말하는 물질, 공간, 시간의 작동으로 변화하는 우주의 섭리로 기승起承을 전개했다. 그는 자연과 우주를 이루는 물질, 공간, 시간의 변화에서 부석사터에 주어지는 산수와 경사 지세의 흐름을 반영한 가람의 전개를 구상했던 것이다.

따라서 부석사에 진입부인 「법계도」 1-18구절로 해석한 옛 일주문 터에서 범종각 아래 영역까지의 해석은 부처의 가르침인 과거불을 상징하며, 부석사에서 삼라만상의 이치를 깨달아가는 '자리행'으로 구분되고, 우주를 구성하는 물질, 공간, 시간의 변화가 존재하는 '기세간'을 이해하는 건축의 개념으로 작용한 것이다. 석단이나 건축물을 이루는 물질, 이로 인해 발생되는 공간, 계단을 오르면서 법의 세계에 들어가 수행·정진하여 진여眞如에 이르는 것을 인식하는 시간성이다.

아울러 부석사의 진입부인 하로영역은 「법계도」 자리행 영역에서 말하는 자연, 우주의 원리를 설한 부처의 가르침으로 돌아간 과거를 회상하는 영역으로 볼 수 있다.

5.❹ 오름의 이타적 수행과 해인삼매

「십지품」제7 원행지-제8 부동지는 부석사의 중로영역인 7-8번째 터에 해당하는 범종각에서 안양루 하부구간까지이다. 이 구간은 급경사 구간이므로 급한 돌계단이 오름으로 이끈다. 부석사의 오름은 불교와 자연에 다가가는 정서가 생성되는 과정인 '건축적 산책[44]'으로 '걷기 명상' 즉, '경행經行'의 의미로 다가갈 수 있다. 불교의 경행은 자연에 다가가는 체험이며, 경행은 붓다의 길을 따른다[45]는 것을 의미하는데, 이는 붓다 자신이 부처로 깨달음을 득한 바와 같이 중생을 깨달음의 길로 안내하는 '이타행'을 의미한다. 부석사에서 이타행으로 해석하고자 하는 「법계도」의 두 번째 영역인 19-22구절로, 그 내용은 다음과 같다.

19. 부처님 해인삼매 그 속에 나툼이여
20. 쏟아 놓은 부처님 뜻 그 속에 부사의여
21. 이로운 법의 비는 허공에 가득하여

▽
44. 이는 르 꼬르뷔제(Le Corbusier)의 '건축적 산책(architectural promenade)'과 유사하다. 공간을 움직여 얻어지는 시·공간성을 말한다.
45. 경행은 석가모니 이래로 출가 수행자들이 선을 닦는 중간에 건강과 참선의 목적으로 숲이나 건물의 일정 공간을 걸어 다니는 것이다.

22. 제 나름의 중생들도 온갖 원 얻게하네[46]

「법계도」의 두 번째 영역은 자신이 불법을 정진해 깨달아가면서 타인에게도 이롭게 하는 '이타행'이다. 부석사 두 번째 영역은 「십지품」 제7 원행지와 제8 부동지 영역에 속하며 석단으로 구성된 7-8번째 터에 이르게 된다. 이 영역의 장소적 의미는 원행지와 부동지에서 불법의 세계에 들어와 진여에 이른 후 다시는 번뇌에 동요되지 않는 경지에 이른다는 의미다. '삼종세간'의 적용으로는 '중생세간'으로 과거·현재·미래에 걸쳐 변화하는 세계로서 인간·천상·지옥 등 다양한 세계가 존재하는 양상의 차별과 맞닥뜨린다.

부석사는 7-8번째 석단 터에 도달하려면 반드시 높고 급한 계단으로 오르게 된다. 사람들은 조심스럽게 서로 손을 잡고 부축하면서 오르게 된다.

위의 「법계도」 구절인 "19. 부처님 해인삼매 그 속에 나툼이여, 20. 쏟아 놓은 부처님 뜻 그 속에 부사의여"라는 것은 '자리이타행'으로 수행하면 해인삼매海印三昧에 이른다는 것이다. 해인삼매는 모든 삼라만상이 한없이 넓은 수면에 비쳐지고[47] 한 점으로 응집되는 상태를 말한다. 즉, 깨달음의 차원에서 현재는 하나의 점으로, 시간도 공간도 없음을 의미한다. 그렇지만 응집된 한 점을 확장하면 과거·현재·미래의

---

46. 能仁海印三昧中 繁出如意不思議 雨寶益生滿虛空 衆生隨器得利益(「법계도」 19-22구절).
47. 해인삼매에서 해인의 의미는 큰 바다에 비유하여 붙여진 이름으로, 바다와 같은 수면에 모든 영상이 다 비쳐져 나타나는 것처럼 모든 만상이 나타남을 뜻한다(이동철, 2005: 119-126).

삼세가 되어 시·공간이 다시 환원되는 의미로도 볼 수 있다(문정필, 2018: 35). '이타행'의 '중생세간'에서 해인삼매가 설해지고 있는 이유는 모든 사람이 몸과 마음을 닦고 정진하면 번뇌와 고난에 물들지 않고 스스로 부처로 나타나 법문을 설하여 중생을 구제할 수 있기 때문이다. 이를 위해 「십지품」 제8 부동지不動地의 단계에서 언급하듯이 진여에 이른 후 다시는 번뇌에 동요되지 않는 지속성이 있어야 한다.

또한, "21. 이로운 법의 비는 허공에 가득하여, 22. 제 나름의 중생들도 온갖 원 얻게하네" 라는 것은 「십지품」 7-8지에서 말하는 각자가 원하는 지혜의 세계에 이르고 흔들리지 않는 수행으로 해인삼매에 이르는 경지로 해석할 수 있다. 부석사의 계단을 오르면 지금 국토로 환유되는 과거불인 비로자나불과 함께 삶의 현실을 깨우치며 마음 수양을 계속한다는 것을 의미한다. 자연과 우주 모두에는 가르침이 가득해 원을 세우면 얼마든지 얻을 수 있다. 여기에 이타행이 더해지면 '자리이타행'이 되는데, 이 단계는 자신뿐만 아니라 다른 이와 동참하여 깨달음을 얻는 의지가 깃들어 있다. 자리행에서 시작한 부석사 오름은 7-8번째 터 구간에서 이러한 이타행을 성립하게 한다. 부처가 간 길을 같이 간다는 의미인 것이다.

그런데 이 영역의 계단은 급하고 난간도 없다. 여성이나 노약자들은 건장한 이들에게 의지하여 같이 오를 수 밖에 없다. 손을 잡거나 부축해 오른다는 것은 도를 닦는 벗 즉, 도반道伴으로의 동행이며 타인에게 도움을 주는 '이타행'의 시작으로 볼 수 있다. 사람들은 '경행으로 동행하고 깨달아 삼매에 든다'고 볼 수 있다. 안양루까지의 오름은 석단과 건축적 오브제로 이루어진 물질의 중첩 상에 있는 자연의 공간으로 인식될 수 있다. 또한, 회전문부터 범종각 위의 법당 건물까지 적용되었던 서남향 축을 안양루에서 무량수전까지 남향으로 새로운 축을 선정한 것은, 자연지세에 순응함과 동시에 속세에서 흔들리지 않는 극락세계로 향하는 원을 제시한 것으로 해석된다.

따라서, 부석사의 오름에서 「법계도」 19-22구절로 해석한 범종각에서 안양루 하부구간은 깨달아 해인삼매에 이르게 되면 과거와 미래를 관통하는 현재의 상태이다. 힘든 오름은 서로를 부축하여 동행하는 것 자체가 이타행의 수행이며 깨달아 해인삼매로 지향하는 '중생세간'을 의미한다. 범종각에서 안양루 하부구간을 힘들게 오른다는 의지는 깨달음을 향해 증진해 비로소 깨달은 진여 속에 있다는 것을 의미하며, 번뇌에 동요되지 않는 해인삼매에 도달한다는 의미인 것이다. 이를 위해 의상이 만든 오름의 순례길은 인간 내면의 자연과 부석사에 깃든 자연의 공간이 연속되는 것이다. 이러한 중로영역의 오름은 삶의 현실을 깨우치며 마음 수양의 자각을 계속하는 현재이며, 자연의 공간을 인식하여 깨달음을 얻는 현재로 볼 수 있는 것이다.

5.❺ 완전한 깨달음, 극락세계의 공존

「십지품」 제9 선혜지-제10 법운지는 부석사의 상로영역인 9-10번째 터에 해당하는 안양루와 무량수전 영역이다. 「법계도」의 마지막 영역은 수행하여 완전히 깨달아 득익하는 단계다. 의상은 부석사의 무량수전 영역을 통해 이를 구현하고자 하였다. 수행하여 완전한 깨달음을 얻으면 자연과 하나 되는「법계도」의 마지막 영역으로, 23-30구절의 내용은 다음과 같다.

   23. 행자가 고향으로 깨달아 돌아가면
   24. 망상을 안쉴려도 안쉴길 바이없네
   25. 무연의 방편으로 여의보 찾았으니
   26. 자기의 생각대로 재산이 풍족하네
   27. 다라니 무진보배 끝없이 써서
   28. 불국토 법 왕궁을 여실히 꾸미고서
   29. 중도의 해탈좌에 그윽히 앉았으니
   30. 옛부터 동함없이 그 이름 부처일세[48)]

  수행과정인 '자리행'과 '이타행'의 경지를 지나면 비로소 부처의 자리에 다다르게 되는 득이익의 단계에 이른다. 또한, 부석사 마지막 상로영역은 '삼종세간'에서 '지정각세간'의 영역인 여래如來를 지칭하는 즉, 교화된 불보살 세계로 이해될 수 있다. 그리고「십지품」의 제9 선혜지와 제10 법운지 영역은 부처의 자리로 완전한 깨달음의 경지에 이른다.
  「법계도」의 마지막 몇 구절인 "28. 불국토 법 왕궁을 여실히 꾸미고

▽
48. 是故行者還本除 巴息妄想必不得 無緣善巧捉如意 歸家隨分得資糧 以陀羅尼無盡寶 莊嚴法界
   實寶殿 窮坐實際中道床 舊來不動名爲佛(「법계도」,23-30구절).

서, 29. 중도의 해탈좌에 그윽히 앉았으니, 30. 옛부터 동함없이 그 이름 부처일세"라고 하는 내용은 의상의 일생과 모든 애환哀歡이 서려 있는 듯하다. 건축적으로 부석사는 무량수전 영역에 앉아 산맥으로 이어진 능선의 지평선을 그윽히 바라보면서 물질세계, 인간사회, 깨달음의 세계가 합일되어 불국토를 이룬 보람과 함께 완전한 깨달음을 이루어 극락세상과 연속성을 이룬 완결성으로 볼 수 있다.

서광은 부처의 경지를 현재 일어나고 있는 것과 과거에 행했던 행위들이 모두 정화되고 경험의 주체와 대상이 완전히 사라져 버려, 마음의 작동 또한 흔적이 없이 사라져 버린다고 했다. 우주와 완전히 하나가 되어 자아와 자연의 경계가 없는 상태가 된다고 하였다(서광, 2019: 258). 우주 전체는 유기적으로 결속된 하나의 거대한 생명체이다. 즉, 완전한 깨달음은 우주라는 거대한 생명체에 귀속되는 것이다. 수행은 일체 존재들이 가진 다양한 모양과 차이 속에서 절대 평등과 절대 존귀함을 보는 지혜와 성불로 귀결되는 단계이다.

무량수전 앞마당에서는 나무들을 근경으로, 확 트인 전망이 굽이굽이 끊어진 듯 이어지는 소백산의 능선이 겹쳐져 맞닿아 있는 하늘을 볼 수 있다. 이 광경을 바라보고 있으면 산과 하늘이 만나는 지평선과 함께 무한한 자연의 공간에 있는 느낌을 받을 수 있다. 자신과 자연이 온전히 하나가 되어 자연과 몸과 마음의 경계가 없어질 것 같은 기대감을 준다.

중생이 극락세계에 도달한다는 것은 윤회를 벗어나 열반을 성취, 완전한 자각으로 깨달음을 이룬 단계를 의미한다(서광, 2019: 12). 그러므로 무량수전의 영역은 「십지품」의 제9 선혜지-제10 법운지로, 좋은 지혜를 얻어 설법하는 경지이며 수행하면서 번뇌를 끊고 끝없는 공덕을 갖추어, 불법으로 모든 사람에게 이익이 되는 일을 행하는 경지다. 의상은 사람들을 완전한 깨달음으로 안내해 극락세계로 인도하고자 했다. 이는 해인삼매의 깨달음에서 더 나아간 깨달음의 정점을 상징하는 것이다. 부석사의 오름에서는 안양루에서 완전히 올라와야만 현실의 극락세계를 만날 수 있다.

의상은 중생이 부석사에 진입하여 급한 계단을 오르면서 마지막 단계인 무량수전 영역에 이르는 경로를 체험하게 했다. 현실 정토사상을 부석사의 무량수전에 오르는 몸과 마음의 체험을 통해 화엄에 물들 수 있게 한 것이다. 무량수전 영역에 도달해 얻는 깨달음의 의미는 '해탈解脫'이라는 이상으로 볼 수 있다.

다른 한편으로, 부석사의 터를 정하면서 무량수전을 동·서축에 일치시키려는 방향성[49]과 명당에 안착시키기 위해 자연의 지세를 그대로 활용한 흔적이 보인다. 의상은 지세의 흐름과 서방정토의 방향성을 일치시킬 절터를 구하기 위해 동분서주東奔西走 했을 것이다. 의상이 부석사 터를 찾았을 때 위험을 무릅쓰고 500의 권종이부權宗異部를 몰아냈다는 설화는 무량수전을 세우기 위한 최적지였음을 알려준다. 무량수전의 안착을 위해 자연지세를 거역하지 않을 터를 찾았다는 것은 자연과 건축물의 지속가능성을 강조한 것이다. 이러한 특

▽
49. 이러한 방향성은 아미타불이 있는 서방정토의 상징성을 나타낸다.

성은 인간의 몸과 마음이 자연에 연속될 표상적 터를 구한 것이라 볼 수 있다.

따라서 부석사 오름의 마지막 도달은 「법계도」 23-30구절로 해석한 안양루와 무량수전 영역으로, 의상은 중생들이 쉽게 화엄에 접근하기 위해 매우 현실적이면서 누구나 실천하여 극락세계에 도달하게 하는 정토 신앙을 추구하였다. 중생들이 부석사에 들어와 가파른 계단을 올라 무량수전 영역에 도달하면 극락을 만나고 깨달음을 얻을 수 있다는 기대를 미래불인 아미타불과 친견하는 것으로 해석할 수 있다. 의상은 화엄사상을 부석사 무량수전을 통해 표현하였으며, 깨달음의 끝이 자연이고 극락이며, 이러한 것은 현실 정토인 무량수전 영역에서 구현했던 것이다.

5.❻ 부석사 건축개념: 「화엄일승법계도」

지금까지 부석사의 순례 공간을 하로·중로·상로의 세 영역으로 구분하고 「법계도」를 분석해 『화엄경』 「십지품」, '삼종세간'을 접근시켜 해석한 각 영역의 결과는 다음과 같다.

첫째, 「법계도」 1-18구절로 해석한 부석사 하로영역은 옛 일주문 터에서 범종각 아래 영역이다. 해석은 부처의 가르침인 과거불을 상징하며, 부석사에서 삼라만상의 이치를 깨달아가는 '자리행'으로 구분되고, 그것에 기록된 물질, 공간, 시간을 일깨우는 '기세간'이 건축의 개념으로 작용한 것이다. 석단이나 건축물을 이루는 물질로 인해 진입하고 순례하는 공간을 경험하고 계단을 오르면서 진여眞如에 이르게 된다는 과거불의 가르침을 회상한다. 그러므로 「법계도」 1-18구절은 물질, 공간, 시간으로 구성된 자연과 우주의 변화를 설한 부처의 가르침이 부석사의 건축적 개념으로 적용된 것으로 볼 수 있다.

둘째, 「법계도」 19-22구절로 해석한 부석사 중로영역은 범종각에서 안양루 하부구간까지이며, 급한 오름은 수행으로 깨달아 해인삼매로 안내한다. 해인삼매는 과거와 미래를 관통하는 현재의 수행 상태이다. 힘든 오름은 서로를 부축하여 동행하는 이타행의 수행이며 깨달아 해인삼매에 이르는 '중생세간'이다. 이러한 순례길은 인간 내면의 자연과 부석사에 지속된 자연이 연속되는 공간으로 작동되게 함으로써 삶의 현실을 깨우치며 마음 수양의 자각을 계속하는 현재가 된다. 그러므로 「법계도」 19-22구절은 힘들게 오른다는 의지는 깨달음의 진여가 지속되어 해인삼매에 이르고 번뇌에 동요되지 않고 수행하는 현재가 부석사의 건축적 개념으로 적용되었다고 볼 수 있다.

셋째, 「법계도」 23-30구절로 해석한 부석사 상로영역은 안양루와 무량수전 영역이며 부석사 오름의 끝이 된다. 의상은 중생들이 쉽게 화엄에 접근하기 위해 매우 현실적이면서 누구나 극락세계에 도달하게 하는 정토 신앙을 실천하게 열어주었다. 중생들이 부석사에 들어와 가파른 계단을 오르면서 번뇌에 동요되지 않는 수행을 해 깨달음이 완성되면 무량수전 영역에 도달해 극락을 만나고 미래불인 아미타불과 친견하는 것이다. 그러므로 「법계도」 23-30구절은 의상 화엄사상의 특성이 나타나며, 무량수전 영역을 통한 깨달음의 끝은 극락세계로 안내된다. 즉, 현재의 자연에서 만날 수 있는 정토가 부석사의 건축적 개념으로 구현된 것이라 볼 수 있다.

따라서 필자는 부석사의 오름 공간을 세 영역으로 구분하고, 세 영역으로 구성된「법계도」를 분석해 본 결과, 의상은「법계도」를 건축개념으로 활용해 부석사의 과거불, 현세불, 미래불의 삼신불 영역을 구현한 것을 확인할 수 있었다. 5장의 전반적인 내용을 간략히 정리하면 〈표 3.1〉과 같다.

〈표 3.1〉 법계도가 구현된 부석사의 건축개념

구분		영역		
부석사의 해석	「법계도」의 구절과 영역	1–18구절	19–22구절	23–30구절
		자리행	이타행	득이익
	십지품	제1 환희지, 제2 이구지, 제3 발광지, 제4 염혜지, 제5 난승지, 제6 현전지	제7 원행지, 제8 부동지	제9 선혜지, 제10 법운지
	삼종세간	기세간	중생세간	지정각세간
	부석사 영역	하로영역: 옛 일주문 터–범종각 아래 석단	중로영역: 범종각–안양루 아래 석단	상로영역: 안양루–무량수전
「법계도」의 건축 개념과 시간성	배치단면			
	건축개념	물질·공간·시간과 우주 본질의 통찰, 진여에 도달	오름의 이타적 수행과 해인삼매	완전한 깨달음, 극락세계와의 공존
	삼신불 시간성	과거불	현세불	미래불

6.「화엄일승법계도」로 본 부석사의 시·공간

부석사 DNA

범성게의 구현, 오름으로 화엄의 시·공간을 답사하다.

본 장은「화엄일승법계도」로 본 부석사의 시·공간에 대해 종합화하고자 한다. 부석사의 일반적 순례와 시·공간, 하로영역에서 과거불의 가르침, 중로영역에서 해인삼매의 현세불, 상로영역에서 완전한 깨달음의 미래불이라는 요소로 종합화하여「화엄일승법계도」로 본 부석사의 시·공간을 도출하고자 한다.

6.❶ 기승전결의 일반적 순례와 시·공간

부석사와 같은 산지가람의 사찰은 대부분 종심형 구조를 이룬다. 경사지를 활용한 종심형 구조는 진입축을 따라 입구에서 안으로 들어갈수록 높아지는 공간적 위계를 이룬다는 점에서 기승전결起承轉結이 분명하다. 일주문 진입 전부터 천왕문까지가 도입 공간인 '기起'가 되고, 범종각까지는 전개하는 공간인 '승承'이 되며, 축이 꺾여진 안양문까지가 전환 공간인 '전轉'이 되며, 안양루 상부와 무량수전에서 절정에 이르는 공간인 '결結'을 이룬다.

먼저, 도입 공간인 '기起'는 부석사 매표소에서 시작되는 느릿한 경사길로 시작되며 일주문까지 닿아 있다. '태백산 부석사太白山 浮石寺'라는 편액이 걸려있는 일주문[그림 3.1]을 지나서 경사진 길을 오르면 길 왼쪽에 있는 당간지주[그림 3.2]와 마주치게 된다. 부석사 당간지주는 아래에서 위로 올라갈수록 좁혀지는 체감으로 인해 석재에서도 늘씬함을 가진 아름다움이 있다. 당간지주를 지나면 경사지에 쌓은 석축이 시작된다. 부석사의 석단 수는 9단이며 크게 3단씩 나누어져 10개의 터로 구성된다. 이는 『관무량수경』 삼배구품의 교리와 「십지품」에 따른 해석이다. 첫 번째 석축(높이 2.7m 정도) 위의 터에는 천왕문이 있는데 오래전에는 조계문 터라 전한다.

부석사를 전개하는 공간인 '승承'은 천왕문을 통과하여 계속 올라가면 낮은 석축이 한단 있고 그 위에 높이 2.5m 석축이 있어 계단 참으로 활용된다. 그 위에 높이 4.3m나 되는 석축이 있다. 이러한 석축은 크고 작은 자연석을 맞추어 아름다움을 살렸다. 이 석단에 오르면 낮은 석단이 있고 그 위에 인근 북지리사지에서 옮겨온 3층쌍탑[그림 3.3]이 통로 양편에 배치되어 있다. 이 터 위에 낮은 축단이 있고 그 위에

[그림 3.1] 일주문(기)

[그림 3.2] 당간지주(기)

[그림 3.3] 3층쌍탑(승)

[그림 3.4] 범종루(승)

[그림 3.5] 범종루에서 본 안양루(전)

[그림 3.6] 범종루와 안양루 절곡 축(전)

[그림 3.7] 안양루에서 본 무량수전(결)

[그림 3.8] 안양루와 무량수전(결)

범종각이 버티고 있다. 범종각은 오르는 계단 통로 상에 위치하고 합각면이 정면으로 향하므로 공간감에 깊이가 있다[그림 3.4].

동선의 변화를 이루는 공간인 '전轉'은 범종각 아래의 통로로 올라가면 2층 마루와 계단사이의 통로로 안양루와 반쯤 가려진 무량수전이 눈에 들어온다[그림 3.5]. 여기를 오르면 범종각까지의 건축물과 안양루에서 무량수전을 잇는 건축물의 축이 30°가량 절곡되어 있다[그림 3.6]. 이는 자연지세의 변화된 축의 흐름에 석축과 건축물을 맞춘 것이다. 그럼에도 범종각의 하부에서 오를 때 안양루는 시각적 초점이 되었으므로 동선이 자연스럽게 유도된다. 안양루가 있는 석단은 높이가 4m가 되며 여기를 오르면 안양루의 하부와 마루 사이의 통로로 석등이 눈에 들어온다. 그 뒤에 무량수전과 현판이 보인다.

절정에 이르는 공간인 '결結'은 안양루 하부통로를 오르면 무량수전과 그 앞에 석등이 시야에 들어오면서 앞마당에 이른다[그림 3.7]. 이곳은 현실에 극락세계를 추상적으로 펼친 곳이다. 때문에, 무량수전 앞마당에서 안양루를 근경으로 하여 자연의 산자락이 겹쳐진 풍광을 원경으로 극락의 이상향을 대신하고 아쉬움 없는 여운을 남긴다[그림 3.8].

이상은 부석사 순례를 기승전결에 상정하여 일반적인 오름으로 해석하였다. 이러한 순례는 시각적인 공간 변화가 생성되므로 물리적인 시간성이 발생한다. 즉, 공간에 시간을 더하여 순례하는 시·공간이 생성되는 것이다. 본 장에서는 이러한 일반적 순례의 시·공간적 해석에 더해 5장에서 3영역으로 구분한 순례를 구분하여 논의한 결과를 접근시켜 부석사의 시·공간을 도출하고자 한다.

그러므로 부석사의 일반적 순례의 시·공간적 해석에 「법계도」로 해석한 하로·중로·상로의 영역별 공간에 결합된 시간성 즉, 시·공간성을 다음 절에서부터 정리하고자 한다.

6.❷ 하로영역, 과거불의 가르침

부석사의 하로영역은 일반적 순례의 도입 공간인 '기起'와 가람을 전개하는 공간인 '승承'이 해당되는 구간이다. 「법계도」의 1-18구절의 내용은 하나의 티끌과 우주가 상즉相卽하고 한 찰나刹那와 영원永遠이 상통相通한다는 『화엄경』의 가르침을 함축적으로 드러내었다. 이는 자신이 본래 가지고 있는 불성佛性을 볼 수 있게 하는 것이다. 초기 수행단계는 물질, 공간, 시간으로 구성되어 변화하는 그대로를 체득하는 것으로 삿된 망상과 번뇌에서 벗어나 불타佛陀의 가르침을 받아들이는 것이다. 즉, 절에 들어간다는 것은 법성의 보배가 있는 집으로 들어가는 것으로 부석사의 진입으로 불성을 전개해 깨달음을 지향하는 각오를 다지는 단계이다.

깨달음의 방법은 '삼학三學'과 '삼법인三法印'으로 불교의 핵심 교리로 전해진다.

삼학은 계학戒學, 정학定學, 혜학慧學을 통칭하며, 일체의 법문은 모두 삼학으로 귀결된다. '계학'은 마음과 몸을 깨끗이 하여 악을 막고 선을 짓는 것으로 타인에게 해를 끼치지 않고 정직하고 성실하게 살아가는 것이다. '정학'은 마음을 집중하고 번뇌를 잠재워 삼매 상태에 들어가 맑고 평온한 마음을 유지하는 것이다. '혜학'은 진리를 깨닫고 지혜를 얻어 세상을 명확하게 이해하고 올바른 판단을 내리며 진정한 깨달음을 통해 해탈에 이르는 것이다.

삼법인은 제행무상諸行無常, 제법무아諸法無我, 열반적정涅槃寂靜으로 구분된다. '제행무상'은 모든 것은 변한다는 진리로, 존재하는 모든 것은 원인이 없어지면 결과가 사라지듯이 항구적이지 않다는 것이다. '제법무아'는 모든 존재가 자아나 고유한 본질이 없다는 진리다. '열반적정'은 고통에서 벗어나 평온한 상태인 열반에 도달하는 진리다.

그러므로 부석사의 진입과 전개의 순례에서 하로영역인 「법계도」 1-18구절의 자리행 영역은 심학과 삼법인으로 우주와 자연의 법칙을 알고 집착을 벗어날 길을 안내해 주는 메시지인 것이다.

부석사의 일반적 순례에서 사찰 영역의 진입은 일주문을 통과하면서 깨달음을 실천할 수 있는 의지를 일깨운다. 진입 후 전개 과정은 천왕문을 통과하면서 석축으로 구성된 물질, 석축 위의 단으로 구성된 공간, 석축과 그 위의 단을 오르는 과정의 물리적 시간으로 각성되는 것으로 「법계도」에 기록된 우주와 자연의 변화와 불법의 진리를 체득하게 된다.

따라서 부석사의 하로영역은 진입·전개의 구간이며 의상의 화엄사상이 축약된 「법계도」와 불국토에 들어와 수행하려는 의지와 과거불의 가르침을 알리는 기승起承의 시·공간 영역이 된다.

6.❸ 중로영역, 해인삼매의 현세불

부석사의 중로영역은 변화를 이루는 공간인 '전轉'의 구간으로 범종각부터 안양루 아래까지이다. 이 구간은 범종각과 안양루 간 30°정도 꺾여 축의 변화를 이룬다. 「법계도」의 19-22구절의 내용은 이타행의 영역이지만 자리행이 동반된다. 자리행을 유지하면서 이타행이 수행되는 '자리이타행'이 화엄일승사상으로 해석된다.

「법계도」 19-22구절은 원융한 삼종세간을 나타내고 있는 것으로 해인삼매를 상징하고 있다. 그런데 미혹한 중생들은 해인삼매를 경험하기 어렵다. 그렇지만 관광객들이 서로 손을 잡고 부축해 급한 돌계단을 오른다는 것으로 자연과 마음이 연속되어 조금이라도 수양에 다가갈 수 있을 것이다. 부석사의 오름으로 이끄는 경행經行은 일정한 구역을 가볍게 걷는 것으로 조심스러운 긴장감을 수행한다. 사람들은 자연에서 태어났지만 도시 생활에 적응되어 잊고 살다가, 자연에 노출되면 자신도 모르게 자연으로 돌아와 마음이 열리는 수행에 드는 것이다.[50] 즉, 부석사의 오름은 경행으로 자리이타행을 실현할 수 있는 수행 공간인 것이다.

부석사의 오름은 과거와 현재를 상징하는 시간 영역에 있다. 이와 아울러 완전히 부처가 되어 극락세계에 머물 미래를 기대하고 있다.

▽
50. 경행은 불교의 전래와 함께 자연스럽게 전해지게 되었다. 중국 구법求法승僧들의 기록에는 이들이 인도에서 직접 찾아갔던 석가모니의 경행처에 대한 서술이 확인된다. 의정義淨의 「남해기귀내법전南海寄歸內法傳」이나 현장玄奘의 「대당서역기大唐西域記」에서 부처의 경행처를 찾아 볼 수 있다(강호선, 2019: 35).

해인삼매와 같은 깨달음에 다다르면, 과거·현재·미래 모습이 큰 바다와 같이 고요해져서, 마음이 맑아지는 순간에 생각이 깊어지고 판단이 분명해져 이치에 통달하게 된다. 이 영역은 과거·현재·미래가 서로 나아가고 침투되어 들어옴으로써 찰나 속으로 귀속되는 삼매경이다. 결국, 과거는 늘 현재이다. 과거는 지나갔으며 미래는 아직 오지 않았으므로, 과거와 미래를 관통하는 현재가 존재하는 불법의 영원성을 의미한다. 의상의 화엄 사상이 녹아있는 부석사는 과거이며, 극락세계라는 미래를 향해 오르는 지금이 현재인 것이다. 이러한 오름의 현재에 과거와 미래가 응집되는 것이다.

해인삼매는 지금의 순간에 깨달음이 일어나는 현재의 시간이며, 부석사를 오르는 경행으로 자연에 연속되려는 마음의 상태이다. 들숨과 날숨을 의식하면서 경행으로 오르는 공간의 현재는 지금의 이 순간이 되며 자신이 자연에 지속하게 된다. 도의 경지에 이르지 않은 방문객에게 도시와 단절된 부석사의 '건축적 산책'은 자연에 다가가는 정서가 생성되는 과정이다. 즉, 도반과 함께하는 오름의 공간은 지속적인 수행을 이루고 화해와 동행하는 마음으로 인해 과거와 미래에 얽매이지 않는 해인삼매가 지속되는 현재이다.

따라서 부석사 오름에서 축선의 변화를 이루는 영역은 도반과 수행하여 해인삼매를 이루어 번뇌에 동요되지 않는 현세불의 가르침을 알리는 전轉의 시·공간 영역이 된다.

6.❹ 상로, 완전한 깨달음의 미래불

부석사의 상로영역은 절정에 이르는 공간인 '결結'의 구간으로 안양루와 무량수전 구간이다. 「법계도」의 23-30구절의 내용은 자리이타행으로 수행 정진하여 완전한 깨달음에 도달해 득익하는 단계다.

수행의 가장 큰 이익은 열반涅槃, 해탈解脫, 중도中道를 아는 것으로, 이것은 수행을 통해 도달한 궁극적인 경지를 말하는 것이다. 그 중 '해탈'은 굴레에서 벗어나는 것으로 결박이나 장애에서의 해방과 자유를 의미한다. 속세의 속박·번뇌를 벗어나 근심이 없는 편안한 심경에 이르는 것이다. '열반'은 불도를 완전하게 이루어 일체의 번뇌를 해탈한 최고의 경지이다. 여기서 번뇌는 '삼독심三毒心'을 말하며, 삼독은 탐욕과 성냄과 어리석음이다. 팔정도八正道의 수행으로 삼독심이 영원히 사라진 상태를 얻을 수 있다고 한다. '중도'는 치우치지 아니하는 바른 도리를 말한다. 공사상空思想에서는 공空을 관조하는 것이 곧 연기緣起의 법칙을 보는 것이며 중도에 눈을 뜨는 것이라고 했다. 그러므로 수행자는 여러 수행을 통해 열반, 해탈, 중도와 같은 이익을 얻고자 한다.

「법계도」의 마지막 구절인 29. 중도의 해탈좌에 그윽히 앉았으니 30. 옛부터 동함없이 그 이름 부처일세[51] 라는 게송은 첫 구절인 1. 오묘하고 원만한 법 둘이 없나니 2. 본바탕 고요하고 산 같은 진리[52]

▽
51. 窮坐實際中道床 舊來不動名爲佛(「법계도」 29-30구절).
52. 法性圓融無二相 諸法不動本來寂(「법계도」 1-2구절).

와 대구對句로 연결되어 있다. 이는 「법계도」에서 법성의 성기性起가 연기의 원리로 순환되는 것이다. 「법계도」에서 연기의 이치는 일一과 다多, 일미진一微塵과 시방세계十方世界, 아득히 먼 원겁遠劫과 일념一念 등 각각의 차이를 보존하면서 연을 따라 움직여 간다. 이러한 연기의 이치를 기초로 하여 일체중생을 각각의 자리에서 얻는 이익인 자리행도 있고 자비와 나눔의 이타행도 있으며 수행의 방편과 득과得果의 성취도 있다. 그러므로 옛부터 지금까지 변함없이 움직이고 작용하는 바가 없이 존재하는 구래불舊來佛 즉, 부처의 성취로 득익 할 수 있다는 것이다.

사람이 완전한 깨달음을 이루면 과거의 업장들이 모두 정화되어 마음의 작동 또한 흔적이 없이 사라져 자연과 하나 된다. 사람이 자연과 하나 된다는 것은 자아와 자연이 경계가 없어져 전체가 하나의 거대한 우주에 지속하게 되는 것이다.[53] 「법계도」의 말미에서 언급하듯이, 의상은 「법계도」의 이치를 알면 부처로의 깨달음을 이룰 수 있다는 것을 강조하였다. 나아가 무량수전 영역은 「법계도」의 말미에서 강조하듯이 부석사의 절정이고 완전한 해탈로 극락의 인도를 결정하는 공간이며, 인간이 자연과 하나되어 영원한 시간을 인식할 수 있다. 이러한 시·공간은 완전히 도를 이루어, 자연에 연속되는 최상의 경지인 대원경지大圓鏡智로 자아와 우주와의 경계가 없어졌음을 의미한다. 그러므로 부석사 무량수전 영역에 머무는 극락은 불교의 관념적 실제이며,

▽
53. 탐진치 삼독에 오염된 의식이 완전한 자각의 영역으로 삼독이 완전하게 정화되어 순수하게 있는 그대로의 대원경지大圓鏡智로 전환된다(서광, 2019: 256-258).

그 실제는 자연에 지속되는 시·공간을 의미하는 것이다.

따라서 부석사의 절정을 이루는 영역은 불국토의 열반, 중도, 해탈의 자리에 당도해 옛부터 지금까지 변함없이 존재했던 부처로 깨달아 극락세계에 안착한 미래불의 안내를 받는 결結의 시·공간 영역이 된다.

결국, 부석사는 기승전결이 분명한 종심 축을 가진 사찰이며, 시·공간성은 화엄을 상징하는 「법계도」 그 자체가 과거불, 지금 오르는 순간이 현세불, 무량수전이 있는 미래불 영역으로 정의할 수 있는 것이다. 그리고 화엄 사찰에서 보편적으로 배치하는 과거·현재·미래불 영역이, 부석사의 진입부에서 안양루까지는 과거불과 현세불이 공존하고, 무량수전 영역이 미래불로 된다는 것을 확인할 수 있다. 이러한 시·공간 개념을 간략화하면 〈표 3.2〉와 같다.

〈표 3.2〉 법계도가 구현된 부석사의 시·공간 개념

구분	영역별 구분			
부석사의 일반적 순례	도입 공간, 기起	전개 공간, 승承	변화 공간, 전轉	절정 공간, 결結
부석사 영역	하로영역: 옛 일주문 터–범종각 아래석단		중로영역: 범종각–안양루 아래 석단	상로영역: 안양루–무량수전
「법계도」의 구절과 영역	1–18구절		19–22구절	23–30구절
	자리행		이타행	득이익
삼신불	과거불		현세불	미래불
시·공간성	「법계도」를 인식하는 시·공간		번뇌에 동요되지 않는 시·공간	자연에 지속되는 시·공간
배치단면				

6.❺ 「화엄일승법계도」로 본 부석사의 시·공간

이상과 같이 기승전결의 일반적 순례에 의상의 「법계도」를 세 영역으로 구분하여 「십지품」 삼종세간에 나타난 세 영역으로 부석사의 가람배치를 해석했다. 이를 부석사 화엄사상의 바탕을 이루는 시·공간적 특성으로 도출하였다. 부석사를 찾는 이들에게 시·공간성과 불 전각을 인식할 영역적 가치는 다음과 같다.

첫째, 부석사의 진입·전개 영역은 의상의 화엄사상이 축약된 「법계도」와 불국토에 들어와 수행하려는 의지와 과거불인 비로자나불의 화엄의 가르침을 알리는 기승起承의 시·공간 영역이다.

둘째, 부석사 오름에서 축선의 변화를 이루는 영역은 도반과 수행하여 해인삼매를 이루어 번뇌에 동요되지 않는 현세불인 석가모니의 가르침을 알리는 전轉의 시·공간 영역을 의미한다.

셋째, 부석사의 절정을 이루는 영역은 불국토의 열반, 중도, 해탈의 자리에 당도해 옛부터 지금까지 변함없이 존재했던 부처로 깨달아 극락세계에 안착한 미래불인 아미타불과 친견하는 결結의 시·공간 영역이 된다.

그러므로 부석사의 배치에서 과거불 영역은 부석사 그 자체와 건축적 개념이 되는 의상의 「법계도」이며, 현세불 영역은 부석사에 있어서 오름을 이루는 지금의 순간이고, 미래불 영역은 극락세계를 상징하는 무량수전 영역의 기대를 의미한다. 이러한 부석사의 시·공간성은 부석사를 찾는 방문객에게 부석사 가람배치의 특성과 상징적 가치의 이해를 위해 활용되어야 할 것이다.

　의상은 통일신라 사회의 변화와 시대가 요구하는 방향을 수용하고 「법계도」와 부석사를 통해 화엄사상의 삼신불을 다양하게 개념화 하였다. 특히, 의상이 부석사에 무량수전 영역만 강조한 것은 비로봉의 과거불과 연화봉의 현세불이라는 입지의 관계, 「법계도」나 『화엄경』을 상징화한 과거불과 수행하는 현재를 현세불로 해석, 연화장세계에 통섭된 예토와 정토가 하나이므로 아미타불에만 귀의토록 해석해 과거불과 현세불을 생략한 다양성이 존재한다.

　의상은 통일된 백성들과 함께하는 사회적 패러다임을 생성하기 위해 삼국의 중간 영역이 되는 북악의 영주지방에 부석사를 세워 화해의 장을 만들었던 것이다. 의상은 백성들이 쉽게 이해하도록 「법계도」에 구성된 게송을 읽히게 함으로써 화엄을 쉽게 이해하게 하고 「법계도」를 건축적 개념으로 활용해 부석사를 구현하였다. 그것은 물질, 공간, 시간을 인식하는 오름을 통해 해인삼매로 과거와 현재의 시간이 생성되고 깨달음으로 극락정토에 다가가는 기대로 미래의 시간이 생성되는 것이다. 이를 통해 부석사는 과거불과 현세불이 의미적으로 존재하고 현실 정토라는 미래불이 실제적으로 존재하는 의미성을 부여한 화엄종찰이라는 것을 확인할 수 있었다.

IV

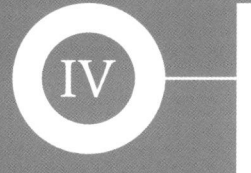

부석사 가람배치와 전통사상의 DNA

부석사 가람배치에 깃든
전통사상에 대한 가치를 추구한다.

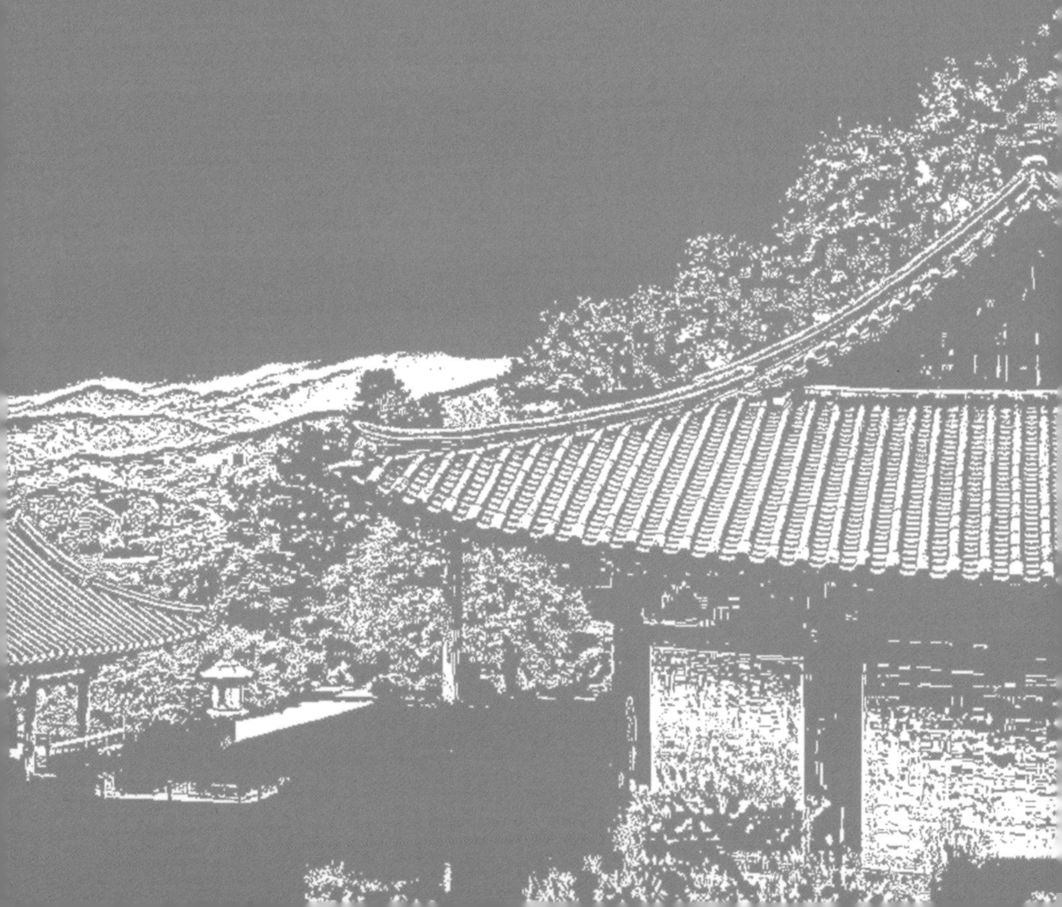

7. 부석사 가람배치와 전통사상

본 장은 전통사상으로 구성된 부석사 가람배치에 대한 주제를 상정한다. 먼저, 전통사상이 반영된 부석사의 가람에 대해 전개하고 탑과 누각에 대한 문제의식, 불교적 정치·사회와 전통사상, 일탑식가람과 산지가람의 결합된 다불전, 이전한 삼층쌍탑과 산지가람의 역사적 현전, 산지가람과 누각의 정체성을 구성요소로 분석하고자 한다.

7.❶ 전통사상이 반영된 부석사의 가람

　부석사는 산 밑의 진입도로에서 일주문을 지나 천왕문과 여러 계단과 석단을 오르면서 범종루梵鐘樓와 안양루安養樓를 거쳐 무량수전無量壽殿에 이르게 되는 산지가람을 이룬다. 부석사의 입지와 전각의 조영에 영향을 미친 요소는 전통사찰의 가람배치, 화엄사상, 풍수지리사상 등 다양한 전통사상이다.

　이러한 배경에서 현재까지 부석사 배치에 혼재된 일탑식가람, 이탑식가람, 산지가람의 특성에 전통사상을 접근시켜 현대의 관점에서 시·공간성을 논의하고자 한다. 부석사 가람배치는 화엄사상이 내재된 과거, 현재, 미래의 공간 영역[54] 외에 현재에 이르기까지 건립된 탑과 누각에 대한 영향도 살펴보아야 한다. 즉, 부석사 진로 과정에 나타난 화엄의 시간(과거, 현재, 미래)에 전통 사찰의 가람배치가 창건 이후부터 지금까지 변화·진화된 내용을 분석하고자 한다. 가람배치에서 변화·진화된 내용은 탑과 누각에 내재된 불교사상과 전통사상을 현대적 관점에서 역사적 시간까지도 포함해 공간의 특성을 해석하고자 한다.

　부석사의 가람배치는 근본적으로 의상의 화엄사상을 구현한 것이다. 그런데 창건 이후 누각이 중건되었고 모호한 탑이 설치되면서, 사람들은 오름의 발걸음을 멈추고 잠시 쉬어가기도 하고 머물기도

▽
54. 우리나라 사찰배치의 요인은 화엄사상이 내재되어 불국토佛國土를 의미하는 다불전 사찰로 배치되고 있다. 불국사에서는 대웅전, 극락전, 비로전으로 봉정사에서는 대웅전과 극락전으로 비로자나불을 모시는 법주사, 화엄사, 금산사, 보림사의 배치에서도 찾아볼 수 있다(양상현, 2005: 41-55).

하는 등 진로 동선을 변화시켜 풍부한 공간감을 가지게 되었다. 그것은 일탑식·이탑식·산지가람의 전통적 가람배치의 영향에 불 경전 내용의 구현과 더불어 화엄사상, 연기법, 풍수지리설과 불교풍수가 구현되었다는 점에서 탑과 누각의 정체성은 논의하여야 할 대상이 된다.

따라서 본 장은 창건 전·후의 부석사를 대상으로 화엄종 사찰이 표현하는 과거, 현재, 미래의 시간적 영향과 맞물려 탑과 누각에 의한 영향으로 가람배치와 전통사상이 작용된 시간도 해석해 시·공간의 표현적 특성을 밝히고자 한다.

7.❷ 탑과 누각에 대한 문제의식

부석사의 가람은 근본적으로 산의 지세에 순응해 전각이 자리 잡은 산지가람이지만, 무량수전 우측에는 통일신라시대에 건립된 것으로 추정되는 3층석탑이 자리잡고 있다. 또한, 일주문에서 범종루로 향하는 동선로 양측에 부석사 주변의 폐사지에서 이전(1966년)한 3층쌍탑이 자리 잡고 있다. 그리고 주 동선로에 범종루와 안양루가 건립되어 있다. 이러한 탑과 누각을 현재의 관점에서 가람배치의 범위에 포함하여 전통적 가람배치인 일탑식·이탑식·산지가람의 기본적인 인식과 탑과 누각에 관한 정체성을 다음과 같은 내용으로 밝혀보고자 한다.

첫째, 일탑식가람과 부석사 3층석탑에 대한 것이다. 일탑식가람은 삼국시대 고구려지역의 청암리 사지가 원형이 되며 중앙에 8각 전지, 동·서·북에 금당, 남쪽에 중문을 두었다. 이러한 배치를 계승한 백제지역에는 부여 군수리 사지와 같이 탑을 중심으로 금당, 강당, 중문 등을 배치하고 회랑을 둘러 전형적인 일탑식가람으로 정착하였다. 일탑식가람의 특성은 탑이 중심이 되며 그 자오선에 금당이 자리잡는 것이 특징이다. 이러한 일탑식가람 형식은 신라와 일본에까지 영향을 미치게 된다(윤장섭, 2018 :143). 이후 일탑식가람은 더욱 진화되어 백제의 익산 미륵사지에서 3개의 탑원이 병립하는 것으로 발전되기도 하고 신라의 경주 황룡사지에는 1개의 탑에 3금당 형식으로 발전되기도 한다.

부석사에는 무량수전 우측에 통일신라시대에 건립된 3층석탑이 자리잡고 있다. 이 3층석탑은 앞에서 언급한 금당과의 자오선을 맞춘 축과 회랑이 없는 점에서 일탑식가람의 논리를 적용시키는데 무리가 있어 보인다. 그러므로 무량수전 옆 3층석탑에 대한 일탑식가람의 진위를 밝히고 화엄사상이 깃든 산지가람과의 관련성을 분석하고자 한다.

둘째, 이탑식가람의 개념과 부석사에 이전된 3층쌍탑을 살펴보고자 한다. 통일신라시대에는 천군리사지, 감은사지, 불국사 등에서 나타나듯이 금당 앞에 두 개의 탑을 건립하는 이탑식가람으로 변화하였다. 이탑식가람은 금당을 중심으로 그 앞에 두 개의 탑이 좌우대칭으로 놓이는 형식을 갖춘다(윤장섭, 2018 :197). 그런데 부석사에 이전된 3층쌍탑은 이러한 이탑식가람배치 형식과는 동떨어져 있다. 3층쌍탑은 진로 동선 양측에 설치되어 있으며 주변 폐사지에서 이전되었다고 안내문에 표기되어 있다. 이 쌍탑이 어떻게 산지가람인 부석사에 자리

잡게 되었는지 의문이 제기된다. 이탑식가람은 쌍탑 앞 중심에 금당이 자리 잡는 것이 일반적인데, 부석사는 두 탑 사이의 통과되는 동선으로 인해 분리된 형식이다. 그런데 이 탑들은 통일신라시대 때 창건된 사찰로 추정되는 폐사지에 이탑식가람 형식을 갖추고 있었으므로 부석사 창건 무렵과 동시대를 이룬다. 이러한 동시대성으로 부석사에 이전된 3층쌍탑과 조화되는 이유를 찾아야 할 것이다.

셋째, 산지가람과 조화를 이루는 누각에 관한 정체성이다. 산지가람은 지세의 흐름에 순응하는 배치법이다. 산지가람과 조화를 이루는 사찰의 누각樓閣은 2가지 공간의 임무를 수행한다. 누하진입과 누마루의 기능이 그것이다. 누하진입은 앞과 뒤의 공간을 전이시키는 역할을 한다. 의상의 제자 능인이 부석사보다 먼저 창건한 봉정사 만세루의 누하진입은 속세와 부처의 공간을 전이시키는 역할을 잘 보여주고 있다. 또한, 누마루의 역할은 열려있는 공간감으로 모든 대상과 소통을 이룬다. 『삼국사기』에 의하면 황룡사에 누각(물시계)을 설치하였다고 하며(남문현,1988 :54), 월성의 백성에게 시간을 알렸다는 것은 절이 도심에 위치해 시보제時報制를 시행하여 생활 시각을 제정했다는 것을 증명한다(여호규, 2018: 127-158). 즉, 불교사찰에 범종각을 설치해 조·석례종송朝·夕禮鍾頌을 울린다는 것은 모든 생명체들에게 시간을 알린다는 소통의 전통이 계승되었음을 의미한다. 부석사의 누각은 이러한 기능 외에 오름을 이끄는데 기여하고 비보풍수裨補風水의 역할도 더하고 있다. 더 근본적인 것은 산지가람인 부석사에 불교사상적 표현으로서의 누각의 구현일 것이다. 그러므로 부석사의 산지가람에 구성된 누각은 진로축의 변화, 비보풍수, 불교사상의 구현적 관점에서 논의할 필요가 있다.

이상과 같이 일탑식·이탑식·산지가람은 전통사찰배치 방법이며 이를 부석사 가람배치 상에 건립된 탑과 누각에 대입하면 여러 문제의식이 드러난다. 이러한 문제의식은 전통가람배치, 불교경전의 내용, 화엄사상과 연기법, 풍수지리설 등의 전통사상과 통합해 부석사 가람배치를 해석해야 할 필요가 있다.

7.❸ 불교적 정치·사회와 전통사상

부석사는 삼국을 통일한 신라 사회를 안정시키는 역할을 했다. 부석사 창건은 삼국의 공통적 종교인 불교를 통해 백제, 고구려의 옛 세력을 흡수할 호국신앙의 의미를 지니기 때문이다. 또한, 부석사는 고대로부터 정착한 전통 신앙을 영위하던 북악 주변에 창건되어 화엄종을 설파하려는 종교적 의도가 잘 나타나 있다.

7세기 후반의 부석사는 지금의 의상 영정이 있는 조사당을 중심으로 청빈한 양상이었을 것이다. 의상의 제자인 신림神琳은 훌륭한 제자를 많이 배출하였으며 부석사의 화엄종을 크게 중흥시켰다(김봉렬, 2000: 59). 이에 현재까지 전해지는 부석사의 석단은 불국사·원원사·망해사 등에서도 볼 수 있듯이, 신라 하대 이후에 세워진 사찰들과 동시대에 축조된 것으로 나타난다. 부석사는 고려시대에 불교의 융성기를 거치기도 했지만, 조선시대에 들어와 억불로 교세가 위축되면서 유학자들의 출입(정기철, 2011 :60)으로 인해, 그들에게 필요한 건물도 배치하게 되었다. 이에 부석사는 승려와 유학자들이 기거하는 공간이 강조되고, 강당은 다용도의 목적으로 사용되기도 한다. 그러므로 현재의 관점에서 부석사 창건 이후 '연기법'의 이치인 생生·주住·이異·멸滅로 접근해 부석사의 흥망성쇠를 엿볼 수 있다(김상록, 2002: 6).

부석사와 같은 전통사찰의 가람에는 불교사상이 구현되어 있다. 화엄사상은 한국 불교의 핵심으로 현재까지도 본바탕을 이룬다. 필자는 3부에서 창건주의 화엄사상인 「법계도」를 바탕으로 삼신불 즉, 과거, 미래, 현재의 영역으로 구분되는 시간성을 도출하였다. 이러한 세 영역은 법신(비로자나불)을 과거, 화신(석가모니불)을 현재, 보신(아미타불)을 미래로, 삼세불이 공존하는 시·공간이다. 그러므로 부석사는 화엄사상이 구현된 다불전으로 구성되어 있다. 유사한 사례로서, 의상이 창건한 범어사는 대웅전(현재)과 다소의 단차를 두어 앞마당 우측에 비로전(과거)과 미륵전(미래) 등으로 영역 구분을 하였다. 또한, 통일신라 경순왕 때 김대성이 창건한 불국사는 대웅전(현재), 극락전(미래), 비로전(과거) 등 다불전 영역으로 화엄의 시간성을 확인할 수 있다.

부석사는 무량수전을 중심으로 극락세계를 이상향으로 한다. 이는 통일된 삼국의 중생을 구제한다는 대승불교의 취지와 함께 현실 세계에서 정토를 지향하는 화엄종의 상징인 것이다. 또한, 부석사 무량수전은 풍수지리설의 혈처에 건축공간이 결합된 의미를 지니고 있다.

풍수지리설에 의한 명당의 관점에서 보면 부석사는 봉황산이 동심원으로 둘러싼 중앙(김우창, 2008: 48)능선의 길지에 절의 핵심 공간인 무량수전이 위치한다. 의상은 통일전쟁 직후에 부석사 창건을 통해 피폐한 민심으로 인한 혼란한 사회를 안정시키고자 했다. 사람들에게 군봉들이 펼쳐진 경관의 아름다움과 장엄함으로 극락의 세계관적 의미를 전하고자, 정토사상을 무량수전에 구현했을 것이다. 그러므로 부석사는 길지의 터에 자리 잡은 자생적 풍수지리설과 서방정토의 무량수전 배치를 합리적으로 실천하는 불교풍수가 뒷받침된 것이다(박정해, 2014: 413). 부석사 창건 이후 의상의 전법 제자들이 풍수지리적으로 물의 흐름에 흠이 있는 곳에 비보물인 누각을 지어 입지조건을 안정화하였다. 누각은 불교경전인 『관무량수경』에 기록된 보배누각[55], 『화엄경』「입법계품」에 기록된 선재동자의 입누각入樓閣[56] 등이 있으며, 영산회상도로 표현한 탱화에서도 누각을 목격할 수 있다.

따라서 부석사는 고대로부터 전통 신앙을 영위하던 북악 주변의 터에 자리잡아 화엄종을 설파하려는 의도를 정토사상으로 표현하였다. 이를 위해 화엄사상, 풍수지리설, 불교경전에 기록된 내용을 가람배치에 구현하였다. 필자는 이러한 전통사상을 상정하여 부석사 가람배치에 나타난 시·공간을 해석하고자 한다. 그 내용은 '일탑식가람과 산지가람이 결합한 다불전', '이전된 삼층쌍탑과 산지가람의 역사적 현전', '산지가람과 누각의 정체성'이라는 주제로 다음과 같이 해석하고자 한다.

▽
55. 보배누각은 극락세계의 아름다움과 영광을 상징적으로 묘사하는 요소 중 하나로 극락세계에 있는 장엄한 건축물로, 온갖 보석과 찬란한 재료들로 장식된 누각이다(『관무량수경』).
56. 선재동자는 미륵부처가 말한 누각에서 세계관과 법의 경계를 깨치고 모든 선정, 지혜, 서원, 바라밀다, 트임, 밝음, 해탈, 삼매문을 얻고 한량없는 공덕을 성취한다(『화엄경』「입법계품」).

7.❹ 일탑식가람과 산지가람의 결합, 다불전

부석사 무량수전[57]의 우측(동측)에는 통일신라시대 때 조성된 것으로 추정되는 3층석탑[58]이 세워져 있다. 필자는 무량수전과 삼층석탑의 관련성을 일탑식가람과 산지가람으로 분석하여 그 정체성을 확인하고자 한다.

부석사의 전각들은 일주문에서 안양루까지는 서남향으로 진입 축이 지세에 순응하고 있으며, 안양루에서 무량수전까지는 남향의 지세 축을 이루고 있다[그림 4.1]. 먼저, 무량수전으로부터 우측으로 20m정도의 거리를 두고 건립된 3층석탑에 대해 일탑식가람의 관점에서 접근해 보고자 한다.

삼국시대에 형식화된 일탑식가람은 군수리사지와 같이 평지에 중문, 탑, 금당, 강당이 자오선 상에 배치되고, 석탑이 중심이 되며 사찰 영역은 회랑으로 둘러져 있는 형식이다[그림 4.2]. 이러한 배경에서 무량수전과 3층석탑을 분석해 보면 다음과 같다.

첫째 무량수전과 3층석탑은 동·서의 방위 축에서 벗어나므로 일탑식가람 형식과는 무관하다. 무량수전 내의 본존불(아미타불)은 서측에 위치해 서방 극락세계를 암시한다(윤장섭, 2018: 305). 즉, 무량수전의 정면은 남향이지만, 기도하는 방향은 서쪽을 향하므로 지세 축의 직각

▽
57. 무량수전은 1376년 개창된 고려시대의 건축물로 조선시대(1612년)에 중수를 거쳐 오늘날까지 전해지는 최고 수준의 목조건축물이다. 석조 기단부는 통일신라의 양식인 2중 주좌 초석, 고려시대 각형의 초석, 조선시대 때 자연석을 이용한 초석 등으로 구성되어 있다(오세덕, 2013: 100).
58. 부석사 삼층석탑은 전형적인 통일신라시대의 석탑 양식을 따르고 있으며, 2중 기단의 상부로 3층의 탑신을 올린 구조이다. 8세기말에서 9세기 초반경으로 편년되고 있다(문화재청, 2016: 23).

방향으로 상징적인 동·서 축의 체계가 성립되는 것이다. 그러므로 무량수전에 안치된 본존불을 중심으로 하는 동·서 축 선상의 연장선상에서 3층석탑이 벗어나므로 일탑식가람의 형식에 부합되지 않는다는 것을 확인할 수 있다[그림 4.3].

둘째, 무량수전의 우측(동측)벽면이 폐쇄되어 3층석탑과 소통될 수 없으므로 일탑식가람으로 볼 수 없다. 일탑식가람은 탑이 중심이 되어 금당의 본존불과 소통을 이루는 형식(윤장섭, 2018: 142)이나 무량수전 우측면(동측)은 개구부가 없는 벽으로 차단되어 탑과의 소통성을 단절하는 모습이다[그림 4.4]. 즉, 무량수전은 동측 차단된 벽으로 볼 때 전각 안의 아미타불과 3층석탑을 물리적으로 격리하는 모습이 되므로 평지가람에서 흔히 목격될 수 있는 일탑식가람 형식으로 볼 수는 없는 것이다.

무량수전과 3층석탑은 삼국시대에 전통적으로 전해온 탑을 중심으로 자오선상에 금당이 배치되어 탑 쪽으로 열려있는 기준과는 다른 것이다. 따라서 3층석탑과 무량수전의 관계는 일탑식가람의 형식에 부합되지 않는다는 것을 확인할 수 있다.

그런데 무량수전과 탑은 산지가람에서 중요시되는 지세의 흐름과 조화를 이루고 있다. 무량수전은 남향의 지세 흐름에, 탑은 동남향의 지세 흐름에 각각 조화를 이루고 있다. 즉, 무량수전과 3층석탑 각각은 철저히 자연지세에 순응하는 형식이다. 이러한 형식은 경사지의 산지가람에서 지세에 순응하는 형식이 우선일 때 일탑식가람에서 변형을 가져온 것으로 볼 수 있다. 일탑식가람은 평지에 전각과 탑이 건

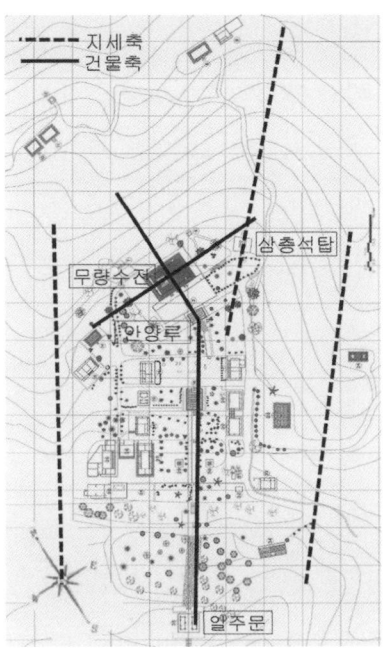

[그림 4.1] 부석사의 진입축

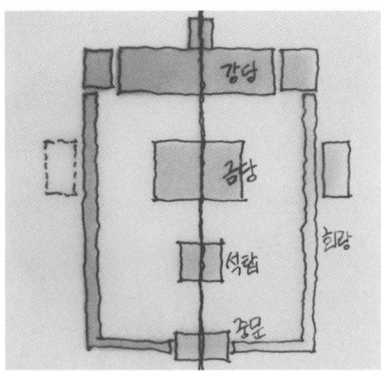

[그림 4.2] 군수리사지

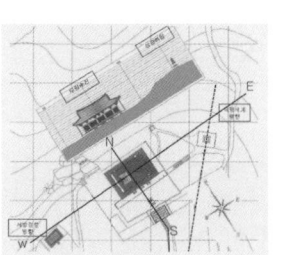

[그림 4.3] 무량수전 축과 탑의 분석

[그림 4.4] 탑에서 본 무량수전의 폐쇄된 동측벽

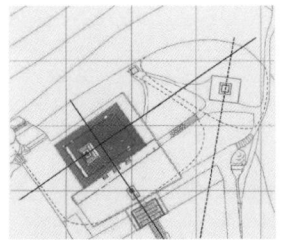

[그림 4.5] 무량수전 영역과 탑 영역

[그림 4.6] 무량수전 영역과 탑 영역 전경

부석사 DNA
볌생게의 구원, 어름으로 화엄의 시·공간을 탐색하다.

립되어 소통성을 보여주지만, 산지가람은 지세에 영향을 받기 때문에 소통의 방향성이 한 방향으로 일관되게 나타나고 있다. 그러므로 지세에 순응한 전각과 탑이 대중의 진입 방향으로만 열려있는 것이다.

다른 한편으로 무량수전과 탑은 제각각 영역성을 이룬다고 볼 수 있다. 무량수전은 미래를 지향하는 아미타불의 서방 극락정토의 영역이다.

불교신앙에서 탑은 곧 부처로 해석(김봉렬, 2000: 65)되기 때문에, 부석사 3층석탑은 사바세계에 온 현재의 붓다가 미래를 상징하는 극락의 세계를 대중들에게 설하는 영역이 된다. 그러므로 무량수전의 주변과 삼층석탑의 주변을 자세히 분석해 보면, 전각이나 탑은 자연적으로 형성된 구릉이 적절하게 영역을 이루고 있음을 알 수 있다[그림 4.5]. 특히, 경사지에 전각과 탑을 조성할 경우에는 단을 구성하여 고저 차를 두는 방식이 나타난다(정종인, 2000: 182-183). 즉, 평지의 일탑식가람은 회랑이나 담장으로 영역성을 강조했지만, 부석사에서는 경사나 둔덕의 고저차로 무량수전 영역과 탑 영역이 자연스럽게 형성되는 것이다[그림 4.6]. 그러므로 부석사에서는 지형으로 영역성을 나타낸다.

이같이 무량수전과 3층석탑은 주변지세의 흐름을 따르는 공통점을 가지고 있으며, 전각과 석탑이 두 영역으로 구분되어 있다는 것을 확인하였다. 그렇다면 부석사에서 3층석탑은 어떤 상징성을 갖는지 의문점이 제기된다.

3층석탑은 무량수전의 아미타불과는 무관한 독립체이며 석가모니불(현세불)을 상징한다. 즉, 3층석탑은 동쪽의 사바세계를 바라보며 극락왕생하려는 중생들을 안내하는 구도를 가진다(김봉렬, 2004: 65-66). 아울러 현재불인 3층석탑은 아미타불의 무량수전을 서측에 배치함으로써 미래의 서방정토를 설하는 구성으로 볼 수 있다. 서방정토를 설한다는 것은 『아미타경』에서 말하는 극락세계를 말한다.

무량수전과 3층석탑의 각 영역성은 삼국시대부터 토착화된 화엄사상의 영향으로 볼 수 있다. 의상의 「법계도」에서는 "일중일체다중일一中一切多中一 일즉일체다즉일一卽一切多卽一"이라고 했다. 여러 세계가 존재하면서 서로 소통하여 전체가 통합된다는 것은 화엄사상의 핵심이다. 화엄사찰은 이러한 내용이 구현되어 있다. 그 예로 불국사는 대웅전 영역, 극락전 영역, 관음전 영역, 비로전 영역 등 다불전으로 구성되었다. 그러므로 무량수전과 삼층석탑은 미래불과 현세불의 영역인 다불전 개념 즉, 화엄사상으로 구현된 의미를 갖는다고 볼 수 있다.

따라서 부석사 무량수전과 3층석탑은 다불전의 영역적 세계로 소통하는 화엄사상의 관점에서 현세불과 미래불이 소통되는 일탑식가람과 산지가람의 결합으로 볼 수 있는 것이다.

7.❺ 이전된 3층쌍탑과 산지가람의 역사적 현전

현재의 부석사에는 통일신라시대에 조영된 두 탑이 다른 사지로부터 이전되어 부석사 3층쌍탑으로 불리고 있다. 범종루 전면 아래 쌍탑형식의 삼층석탑이 그것이다. 이 탑은 1966년 주변의 북지리사지(동방사지)'[59]에서 이전한 것이다(문화재청, 2016: 23). 일주문에서 범종루로 향하는 동선로 양측에 세워진 3층쌍탑[그림 4.7]은 통일신라시대 때 성행한 이탑식가람의 전통적 형식을 떠올리게 한다. 그러나 이 쌍탑은 산지가람인 부석사에 자리잡아 기존의 산지가람에 혼란을 야기한다. 전통적인 이탑식가람배치는 금당이 중심이 되고 그 앞에 두 탑을 배치하는 형식(윤장섭, 2018: 197)이나, 현재의 쌍탑은 두 탑 사이에 동선로가 있어 부석사의 산지가람에 융합되어 있다고 볼 수 없다. 그러므로 본 절에서는 산지가람인 부석사에 안착된 쌍탑의 정체성에 대해 논의하고자 한다.

부석사로 이전된 3층쌍탑에 대한 문헌은 1958년에 시행된 "영주부석사 동방사지의 조사"에 기록되어 있다(임천,1961: 124).[60] 이 기록에는 현재 부석사에 안치된 삼층의 쌍탑과 석불 2구[61]가 출토되었다고 전한다. 석불 2구는 부석사 자인당으로 이전되고 3층쌍탑은 복원하였다는 내용이다. 3층쌍탑의 조영기법은 통일신라시대의 특징을 잘 갖추고 있다.[62] '고고미술뉴스'에서는 부석사 3층쌍탑이 1966년 해체수리 과정을 거쳐 지금의 자리에 이전되었다고 기록되어 있다(고고미

---

59. 지금의 부석사 동쪽 북지리 179번지 일대는 한때 동방사지東方寺址로 불렸던 곳이다. 그러나 '동방사'라는 명칭은 '부석사 동쪽에 있는 절터'로 부르게 된 것이다(임천, 1961: 124).
60. 이 이전의 부석사 삼층쌍탑의 모습을 최초로 찾아볼 수 있는 문헌은 일제강점기때 소천경 조사 문화재 자료에서 유리건판의 사진에서 찾아볼 수 있다(문화재관리국, 1994: 109).
61. 석불(석조여래좌상) 2구는 비로자나불로 확인되었다. 부석사는 의상의 화엄사상이 녹아있는 화엄종 사찰로 비로자나불 2구를 자인당에 안착함으로 화엄종찰의 과거불(법신불)의 상징성을 부가하게 되었다.
62. 이 석탑은 기단부의 석재 수가 4매로 구성되고, 탱주 수가 1개로 줄어든 점 등 9세기 후반 석탑의 특징을 나타내고 있다. 또한 산 지형에 여러 단의 석축을 조성하여 금당과 석탑 등을 배치한 9세기 후반 통일신라 산지형 가람의 중요한 사례라 할 수 있다.(문화재청, 2016: 23)

술, 1966: 161-162).[63]

일반적으로 볼 때, 통일신라 때 성행한 이탑식가람은 경사지에 위치해 금당을 중심으로 전면 좌우에 쌍탑을 조성하는 방식이다. 이탑식가람의 예로는 감은사지, 천군리사지, 불국사(대웅전 영역) 등과 같이 불상을 안치한 금당을 두고 그 앞에 두 개의 탑을 중심으로 중문, 금당, 강당 및 회랑의 건물들이 자오선을 중심축으로 좌우대칭하게 배치된다(윤장섭, 2018: 197). 발굴 현황도에 나타난 북지리사지는 경사지에 자리잡은 것을 확인할 수 있으나, 쌍탑이 금당의 좌측에 위치해 이탑식가람에서 금당의 자오선에 좌우대칭하는 탑과는 다른 면을 발견할 수 있다[그림 4.8].

쌍탑의 의미는 석가여래와 다보여래를 상징한다. 쌍탑은 『묘법연화경』「견보탑품」에서 "석가모니가 영취산靈鷲山에서 법화경을 설파할 때 다보여래의 진신사리를 모셔둔 탑이 땅 밑에서 솟아올라 그 탑 속에서 석가모니의 설법을 참된 진리라고 찬탄하고 증명하였다."[64]고 하는 내용을 구현한 것이다. 그러므로 쌍탑은 석가탑과 다보탑으로 명칭되며, 석가여래와 다보여래의 만남을 현실 공간에 탑으로 재현한

▽
63. 이후 석불 2구는 국보로 지정(문화재보호법, 1962: 제961호)되고, 삼층쌍탑은 경북유형문화재로 지정(1979) 되었다.
64. …칠보탑이 땅으로부터 솟아올라 공중에 머물러 석가모니를 찬탄하는 음성이 들렸다. …이때 대요설보살마하살이 "세존이시여 어떠한 인연으로 칠보탑이 땅으로부터 솟아나와 이와 같은 음성이 들리나이까?" 부처님께서 말하였다. 아주 먼 옛날 동방으로 한량없는 백천만억의 아승지세계를 지나 나라가 있었으니 그 이름이 보정이요, 그 나라에 부처님이 계셨으니 다보여래였느니라. 그 부처님께서 보살도를 수행할 적에 큰 서원을 세우기를 "내가 정각을 이루어 열반한 뒤에 칠보탑을 세워 시방세계 어디라도 묘법연화경을 설하는 곳이 있다면 이경을 듣기위해 나타나 증명하고 찬탄하리라." 라고 하였느니라(『묘법연화경』「견보탑품」인용).

것이다. 즉, 절 마당에 석가탑과 다보탑을 세우는 것은 석가모니가 영취산에서 설한 영산회상을 상징한다고 볼 수 있다.

쌍탑이 주 동선로의 좌·우측에 이전되기 전, 부석사는 미래불인 아미타불을 모신 무량수전을 향한 오름으로 경행하는 공간으로서 현재를 의미했다. 경행의 현재는 지금의 순간이며 과거와 미래에 얽매이지 않는 현실의 공간을 통해 자신의 의식으로 현재불에 다가가는 의미이다(한주희·문정필, 2023: 397). 그러므로 부석사는 오름으로 현재불의 의미를 접할 수 있을 뿐, 대웅전 영역이 없어 현재불을 볼 수는 없다.

그런데 1966년에 북지리사지로부터 쌍탑이 오름의 동선로 좌·우측에 이전 안착되면서 영산회상을 상징하는 부처로 상상할 수 있게 된 것이다. 부석사와 이전된 쌍탑이 낯설지 않은 것은 부석사가 통일신라시대에 창건된 사찰로, 그 시대에는 이탑식가람과 산지가람의 형식이 공존한 시대이기 때문일 것이다.[65] 또한 전성기에는 지금의 부석사 영역보다 더 동·서로 확장되었다[66]고 보면, 쌍탑은 부석사 영역에 있는 탑이었으므로 쌍탑이 이질적이지 않다. 부석사가 통일신라시대 사찰이라는 시대성이 쌍탑을 수식해 주는 의미로 해석될 수 있기 때문이다.

부석사 3층쌍탑[그림 4.9]은 연기의 이치인 생生·주住·이異·멸滅로 접근

▽
65. 통일신라시대에는 이탑식가람과 밀교의 영향으로 산지가람도 출현되는 시기이다(김성우, 1992: 68-84).
66. 즉, 현재의 부석사 영역을 중심으로 동측영역에는 북지리사지(동방사지)에서 쌍탑과 석조여래좌상이 유물이 출토되었고 서측영역에는 '부석사주라청' 글씨가 새겨진 기와가 발견되었다. 이러한 유물출토로 인해 부석사 전성기 사역은 동쪽에 불보佛寶, 중앙에 법보法寶, 서쪽에 승보僧寶를 상징하는 전각들이 중심에 있었다고 추정된다(김태형, 2015:57-65).

해 부석사의 흥망성쇠를 논의할 수 있다.[67] 인간이 인식하는 형상 즉, 물질과 공간은 인간의 시간율이 개입된 인연으로 연기된다. 12지연기의 부분적 흐름만 보더라도 색色(정신과 물질)은 식으로부터 연기하는 것이다(일묵, 2110: 184). 이에 건축은 인간의 식識에 의한 정치·사회적 사건이 원인에서 일어난 정신과 물질의 결정체라 볼 수 있다. 인간의 관념 속에서 물질과 공간은 시간과 결합된다. 그러므로 현세 인연으로서의 부석사는 과거의 식에 의한 시·공간의 물리적 인식이 가능하리라 판단된다. 또한, 시감각이 주체로 본 물질적인 부석사와 객체로 본 창건과 관련된 사건과 그 이후 사건들이 서로 인연되어 상호작용하면서

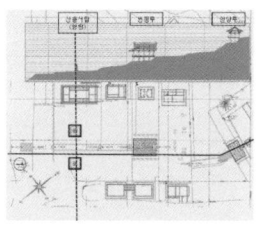

[그림 4.7] 3층쌍탑 배치도

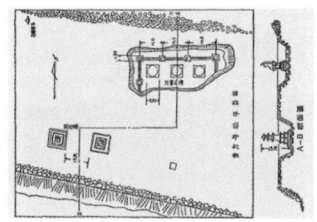

[그림 4.8] 북지리사지 발굴 현황도 (문화재청, 2016)

[그림 4.9] 부석사 3층쌍탑

[그림 4.10] 자인당 전경

▽
67. 『기신론』에서도 마음이 생멸(生滅)하는 과정을 더 세분화했다. 즉, 생生·주住·이異·멸滅로, 우리의 마음이 무명無明에 물든 채 태어나고[生], 머무를 터전을 확보한 다음[住], 더 고약하게 달라져 가면서[異], 결국 파멸의 길로 빠져드는[滅] 일련의 모습들을 다루었다(김상록, 2002: 6).

연기적 인식도 가능할 것이다.

북지리사지에서 석조여래좌상 2구는 자인당[그림 4.10]으로 이전되고 3층쌍탑은 지금의 위치로 이전된 모습에서 그 옛날 부석사의 흥한 모습을 상상하게 된다. 3층쌍탑은 통일신라시대에 다듬어진 석조구축물이므로 경년의 가치를 인정해 현재의 자리에서 전통의 유물 즉, 문화재로 인정되었다. 그러므로 3층쌍탑은 조선시대 숭유억불 정책으로 인한 승려의 탄압과 폐사지로 전락된 역사를 반영한다. 3층쌍탑은 정체된 사고의 형식에서 끊임없이 생멸하는 사고체계로 재탄생하여 그 의미를 전달하는 것이라 볼 수 있다.

그러나 현재의 부석사에 이전된 3층쌍탑에서는 통일신라시대의 전통적 가람배치 형식이 구현된 의미는 알 수가 없다. 통일신라의 쌍탑의 성립배경을 금당과 탑의 가치 변화의 관점에서 본다면 탑은 열반이며 진여이고, 금당은 부활이고 생멸이라고 했다(조경철, 2015: 21). 삼국시대에 일탑식가람은 통일신라시대에 들어와 두 개로 나뉘어지면서 탑의 상징이 금당의 내부공간으로 옮겨져 탑의 중요성과 상징성이 다소 약화되었다. 반면에 금당은 대웅전, 극락전, 대적광전 등 다양한 불전 영역이 조합되는 방향으로 전개되면서 산지가람으로 이어갔다. 이러한 흐름은 우리나라 불교건축의 보편적 흐름인 것이다(김성우, 1992: 68-84). 그러므로 현재의 부석사에 이전된 3층쌍탑에는 대웅전과 조화된 통일신라시대의 보편적 의미는 찾아볼 수 없고 쌍탑이 유행했던 시대성의 흔적만 일깨운다.

3부에서 필자는 부석사의 건축적 개념이 의상의 「법계도」를 통한 물질, 공간, 시간의 건축적 개념이라는 것을 주장하였다. 경사지에 진입하기 위한 석축과 계단은 여러 불법과 화엄사상이 적용된 시·공간으로 과거불인 비로자나불을 인식할 수 있다고 했다(한주희·문정필, 2023: 373). 부석사는 이전된 3층쌍탑 외에 비로자나석불 2구를 자인당에 보관하고 있다. 즉, 지금의 부석사는 의미로만 인식할 수 있었던 과거불을 자인당에 안착시킴으로 과거불 영역이 실제로 상징화된 것이다.

따라서 산지가람인 부석사는 북지리사지로부터 이전된 3층쌍탑을 통해 번창했던 통일신라시대로부터 고려시대를 지나 조선시대에 쇠약해진 불교의 역사를 짐작하게 한다. 아울러 부석사 3층쌍탑과 자인당의 비로자나석불은 산지가람과 결합되어 있고, 불교적 상징성과 함께 불교의 흥망성쇠를 강조하는 역사를 '지금 여기'라는 현전現傳으로 드러내고 있는 것으로 해석할 수 있다.

7.❻ 산지가람과 누각의 정체성

부석사는 경사지에 석축 단과 계단을 활용하여 건물의 터를 조성하고, 자연지세에 순응하는 전각들의 배열로 진로 축을 형성하여 누각과 중첩된 모습을 드러낸다. 범종루와 안양루 하부로 출입하는 누하진입을 통해 진로 축선을 강조하고 누각을 매개로 앞과 뒤의 영역을 전이시킨다. 그러므로 경사지에 배치된 부석사의 산지가람과 진로 축선 상에 배치된 누각에 대한 특성을 논의하고자 한다.

부석사와 같이 산지에 들어서는 사찰은 통일신라 중기 이후 밀교가 전해지고 선종이 성행하게 됨에 따라 불교의 내적 성찰을 중요시하는 경향이 있다. 승려들은 적합한 환경인 심산유곡의 깊은 산 속을 찾게 되어 산세의 지형에 따라 전각이 건립되면서 산지가람의 배치가 정립되기 시작한다(윤장섭, 2018: 92). 산지가람은 밀교적 내밀성의 특징도 갖게 되면서 경사와 지세의 변화가 많은 지형에 적합하도록 계획되었다. 따라서 일·이탑식가람의 좌우대칭 배치나 형식에 얽매이지 않고 지세를 고려해 자유로운 배치를 이루게 된다.

그런데 부석사와 같은 화엄종 사찰에서는 화엄교종에서 삼신불로 구분되는 과거·미래·현재의 영역으로 구분해 전각을 배치하는 경향이 일반적이다. 화엄종찰인 부석사의 가람배치에서도 미래불을 뚜렷하게 강조하는 무량수전 영역 외에도 과거불과 현세불의 의미가 암시되어 있다. 이에 필자는 앞에서 과거불 영역은 화엄종찰인 부석사 그 자체와 건축적 개념이 되는 의상의 「법계도」에 나타난 화엄사상이며, 현세불 영역은 부석사에 있어서 오름을 이루는 지금의 순간이고, 미래불 영역은 무량수전으로 극락세계를 상징한다고 했다. 즉, 부석사는 진로축으로 오르면서 과거, 현재, 미래의 시·공간을 구분 짓는 것이다.

부석사는 오름을 따라 일주문, 천왕문, 범종루, 안양루까지 서남향의 진로축을 이루고, 안양루에서 무량수전까지는 남향 축선으로 변화된다. 부석사 진로 축선 상에 있는 범종루와 안양루는 누각 건축의 일반적 기능인 누하진입과 누마루의 공간 기능(윤동진, 2002: 84)을 통해 오름을 다음과 같이 맞이한다.

누하진입은 진입축 공간의 전이와 변화를 주기 위한 것이다. 부석사의 누하진입은 경사지를 힘들게 오르는 경로라 누각 하부는 쉬어가는 편안한 휴식 공간을 겸하고 있다. 그늘지고 폐쇄된 공간은 뒤를 돌아보거나 목적지로 향하게 되어 개방감으로의 공간 변화, 앞과 뒤의 공간을 연결한다. 즉, 누하진입을 통하여 앞과 뒤의 공간을 전이시키는 상관적인 시간성을 생성한다[그림 4.11].

[그림 4.11] 범종루, 안양루의 누하진입

[그림 4.12] 부석사의 풍광

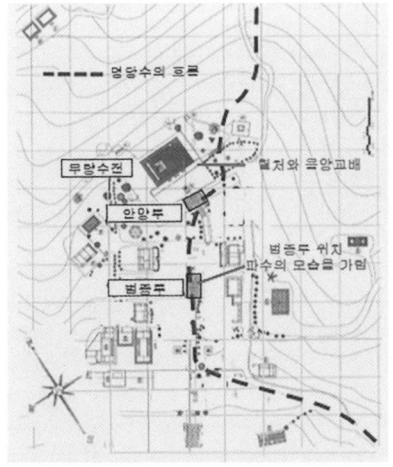

[그림 4.13] 수구와 범종루 배치도

[그림 4.14] 수구를 가린 범종루의 지붕

[그림 4.15] 안양루 위치와 지세변화

누마루의 범종루는 북과 목어를 걸어 조·석례종송을 울려 주변의 모든 생명체에게 시간을 알리는 것으로 소통하며, 안양루는 무량수전 앞마당과 연속된 공간으로 누마루를 통해 멋스럽게 풍광이 펼쳐진 태백산과 소백산의 능선들이 겹쳐진 자연환경을 감상할 수 있다[그림 4.12]. 안양루는 극락을 안내하는 의미이므로, 가장 좋은 명당의 혈에 자리 잡은 무량수전으로 유도하는 역할을 한다.

특히, 부석사의 범종루와 안양루는 진로 축 상에 풍수지리설의 도입과 불 경전 내용을 반영한다는 점에서 다음과 같이 분석해 볼 수 있다.

첫째, 범종루는 비보풍수에 대한 해석으로 볼 수 있다. 형세풍수에서 부석사의 명당 수水는 무량수전의 전면에서 안양루 아래로 흘러 범종각 쪽으로 빠져나간다[그림 4.13]. 박정해는 무량수전 마당에서 물길이 빠져나가는 모습을 가리기 위해 범종루를 건립하였다고 주장했다(박정해, 2014: 410–411).[68] 이에 무량수전 앞마당에서는 근경의 안양루를 배경으로 범종루의 지붕에 수구가 가려짐을 실제로 확인할 수 있다[그림 4.14]. 부석사에서 절정이 되는 무량수전 영역에서, 수구의 흠을 감추는 것은 완벽한 극락세계를 보여주고자 하는 구도자들의 바램일 것이다.

둘째, 안양루는 진로 축선의 변화를 완화하고 있다. 부석사는 사찰 입구로부터 서남향의 지세 흐름이, 무량수전 영역 앞에서 남향의 지

---

68. 형세풍수에서는 명당수가 혈처와 음양교배를 이루는 형국이어야 한다. 혈처에 입지한 무량수전이 진정 혈처로 거듭나기 위해서는 무량수전 좌측에서 발원한 물이 혈과 음양교배를 하고 음양교배가 이루어진 물은 그 뒷모습을 남기지 않아야 한다. 부석사의 지형조건은 이를 만족하기 어려운 상황이다.

세로 변화된다. 즉, 안양루는 부석사의 진로 축이 서남향에서 남향으로 변화되는 변곡점에 세워져 있다[그림 4.15]. 안양루의 하부공간에서는 무량수전의 전면이 보이는 관계로 진로의 변화를 느끼지 못하는 공간 설정이라 볼 수 있다. 방향 전환을 완화시키는 공간성은 지금까지 올라온 급한 계단이나 석단이 주는 위압감을 뒤로 하면서 극락세계로 자연스럽게 안내한다. 극락세계에서 누각의 의미는 『관무량수경』에 장엄을 이루는 요소로 기록되어 있으며, 『화엄경』「입법계품」의 선재동자와 미륵부처에 대한 기록에서 구도자가 누각에 들어간 것은 깨달음을 의미한다. 그러므로 누각은 깨달았거나 깨달을 수 있는 장소적 가치를 의미한다.[69]

따라서 산지가람을 이루는 부석사는 범종루와 안양루를 통해 경사지세로 인한 오름을 누하진입이나 누마루의 기능으로 완화하며, 비보풍수로 누각을 설치해 명당을 더욱 길지로 이끌고, 『관무량수경』, 『화엄경』「입법계품」에 기록된 내용을 구현해 극락세계의 이상향을 기대하거나 깨달음의 완성을 기대하는 의미로 이해된다.

▽
69. 「입법계품」은 문수보살의 권유로 53명의 선지식인을 선재동자가 방문해 가르침을 받는 이야기이다. 누각에 들어가려면 선재동자와 같이 경지에 오른 수행과 미륵보살의 가피력을 입어야 누각에 들어갈 수 있다. 선재동자가 누각의 문에 들어간 것은 깨달은 것을 의미한다.

8. 전통사상을 계승한 가람배치의 시·공간

부석사 DNA
범성계의 구현, 오름으로 화엄의 시·공간을 탐색하다.

 본 장은 전통사상을 계승한 가람배치를 시·공간으로 종합화 하고자 한다. 앞장의 내용을 재분석하여 화엄·불이사상의 다불전 구현, 연기법과 부석사의 흥망성쇠, 풍수지리설과 불교풍수의 종합적 관계를 통하여 부석사 가람배치에 나타난 전통사상의 시·공간을 도출한다.

8.❶ 화엄·불이사상의 다불전 구현

　7장 4절에서 무량수전과 그 우측에 있는 3층 석탑은 각각 영역성을 이루고 있음을 확인하였다. 즉, 무량수전은 미래를 지향하는 아미타불의 서방 극락세계의 영역이며, 탑의 영역은 사바세계에 온 현재의 석가모니를 상징한다. 단순히 일탑식가람으로 해석하면 현재불인 석가모니 영역은 미래를 상징하는 극락의 세계를 대중들에게 설하는 것으로 볼 수 있다.

　그러나 영역성이 뚜렷하다면 이 영역들은 수행자가 무량수전 영역에 당도한 후 다시 탑이 있는 현세로 돌아오는 수행의 여정으로도 해석이 가능하다. 이러한 의미는 하나가 곧 전체이며, 전체가 곧 하나(一卽多 多卽一)라는 화엄의 핵심 사상이다. 그러므로 무량수전 영역과 탑의 영역은 미래와 현재, 이상과 현실, 진리와 현상계가 단절되지 않고 서로 통한다는 것을 공간적으로 구현한 것이다.

　결국, 부석사 삼층석탑과 무량수전의 관계는 지세와 향의 영향 그리고 화엄사상이 구현된 다불전의 개념을 적용하였다는 것을 알 수 있다. 전통적인 사찰의 가람배치인 평지 일탑식가람에서 보여주는 금당과 탑의 소통성은 배제되고, 부석사의 산지가람에서는 무량수전과 3층석탑 각각 경사 지세의 흐름에 의한 향을 중요시하여 대중들의 오름을 맞이한다. 즉, 금당과 탑의 소통보다는 부처의 세계로 올라오는 대중들과의 소통을 강조했던 것이다. 여기에 화엄의 시간성을 드러내고자 주변의 둔덕과 연계하여 무량수전과 탑의 영역을 구분지었다.

이는 흔히 전통의 평지가람에서 영역을 구분하는 회랑을 자연적인 둔덕으로 윤곽을 대신하고 있다.

영역 간에는 불이문 사상도 존재한다. 불이란 상반되는 현상이나 세계가 둘이 아니고 하나임을 뜻한다. 가령 부처와 중생, 생과 사, 행과 불행, 선과 악, 미와 추, 상주와 무상, 차안과 피안 등이 둘이 아니라는 것이다. 부석사 무량수전(미래불)에서 이상적 진리의 영역과 탑(석가모니)의 현실적 수행 영역이 동선으로 연결되는 것은 진리와 현실의 통합 즉, 현실 속에서 진리를 실현할 의미인 것이다. 그러므로 무량수전과 3층석탑이 관련된 화엄의 시간성으로는 무량수전 영역이 아미타불이 있는 미래의 시간, 탑의 영역은 석가모니불을 상징하는 현재의 시간으로 구현되었다는 것을 의미한다.

따라서 일·이탑식 가람에서 영역을 구분짓는 담장이나 회랑 대신, 무량수전과 3층석탑은 지형적 둔덕으로 영역을 구분지었다. 그리고 미래불(무량수전 영역)과 현세불(탑의 영역)이 동선으로 연결되는 이유는, 화엄사상의 '일즉다·다즉일—即多 多即—'과 불이不二사상의 이상과 현실, 진리와 현상이 하나로 통하며 서로 자유롭게 드나들 수 있다는 것을 공간적으로 구현한 것임을 확인하였다.

8.❷ 연기법과 부석사의 흥망성쇠

연기법에 따르면 모든 현상은 원인과 조건에 의해 발생하고 변화하므로 흥망성쇠의 원동력이 된다. 인연에 따라 어떤 것이 흥하고 어떤 것이 쇠락하는 것은 모든 것이 서로 연결되어 있기 때문이며, 이는 자연스러운 인과관계의 법칙이다.

종교도 마찬가지다. 아무리 흥행했던 종교도 사람들의 관심이 멀어지면 쇠락한다. 우리나라의 불교는 고려시대 때 최고조로 흥했다가 조선시대에는 쇠락했다. 종교는 그 시대의 정치·사회의 이념에 따라 사람들의 신념과 태도가 변해 흥망성쇠를 보여준다.

현재의 부석사 영역(북지리148번지)에 이전된 3층쌍탑은 전통적인 이탑식가람의 정체성 확립과 창건 이후 도량이 성장하고, 현재에는 위축된 변화의 흥망성쇠의 모습을 보여주고 있다. 부석사가 창건된 통일신라시대에는 이탑식가람과 산지가람이 유행하였으므로, 1966년에 3층쌍탑을 이곳에 이전하였다 하더라도 산지가람인 부석사에 이탑식가람의 의미를 전달할 수 있다. 3층쌍탑이 왕의 명에 의해 건립된 국찰이라면, 부석사 동측에 이탑식가람(북지리사지, 북지리179번지)으로 이미 지어

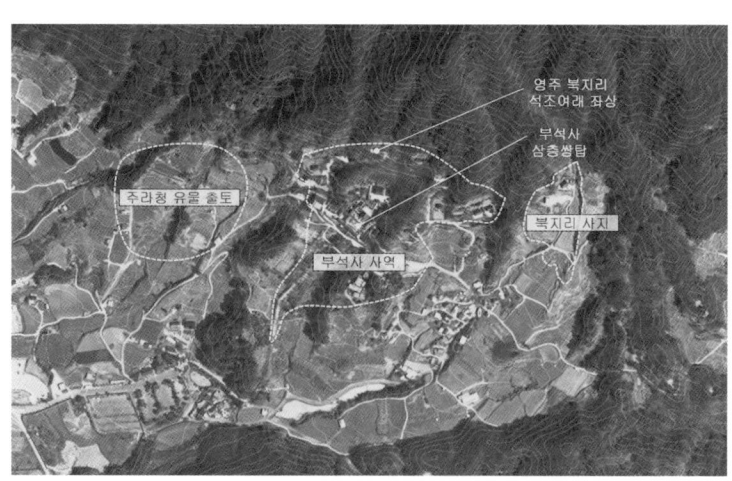

[그림 4.16] 과거의 부석사 사역 추정도

진 사찰을 국유화하여 편입하였거나 부석사 서측에 '부석사주라청'이라는 글이 새겨진 기와출토 영역(북지리80~90번지)까지도 확장하여 건립하였다고 추정할 수 있다[그림 4.16].[70] 즉, 현재의 부석사 영역을 중심으로 좌측에 '부석사주라청' 유물출토지, 우측에 3층쌍탑이 있었던 북지리사지가 위치한 것은 부석사의 성장을 의미한다.

또한, 현재의 부석사에는 북지리사지에서 이전되어 자인당에 안치된 비로자나석불(과거불), 석가여래와 다보여래를 의미하는 삼층쌍탑(현재불)이 보완된 화엄의 시간성과 함께 연기원리에 의한 부석사의 흥망성쇠의 역사성도 감지할 수 있다.

부석사는 핵심이 되는 무량수전 배흘림기둥, 맵시 있는 지붕의 추녀 곡선, 그 추녀와 배흘림기둥의 조화, 공포, 가구재 구성 등에서 주심포 건물의 기본 수법을 잘 보여주고 있다. 부석사 창건 이후 부흥과정에서 무량수전이 중건되면서 고려시대 때 찬란했던 불교 융성의 절정을 맞이했다고 볼 수 있다.

이후 조선시대의 숭유억불의 시대를 거치고 일제강점기를 지나면서 쇠락했다. 그렇지만 부석사는 위대한 절이다. 한때 해동화엄종찰로 불리었던 사찰이었다. 태백·소백산맥 전체를 정원으로 안고 있는 이 방대한 절은 승려들이 열심히 공부하는 수도처로 안성맞춤이다. 많은

▽
70. 김태형은 부석사 전성기 사역은 봉황산 자락에 삼보三寶를 상징하는 3개의 축선으로 사역이 형성되었음을 추정하였다. 즉, 비로자나불상 출토지인 부석면 북지리 179번지 일대는 금당金堂이 있는 불佛, 무량수전과 전각이 있는 북지리 148번지 일원은 법法, 2021년에 '부석사 주라청' 명문기와가 발견된 북지리 80~90번지 일대는 승려 교육기관 및 거주지로 승僧을 의미한다. 부석사 전성기 사역은 동쪽에 불보佛寶, 중앙에 법보法寶, 서쪽에 승보僧寶를 상징하는 전각들이 배치되어 있었음을 추정했다(https://jprj44.tistory.com/8271388, 내용 참조).

대중들에게 산수의 절경과 명당의 기상으로 화엄의 도를 깨닫고 에너지를 충전해 공성空性을 유지시켜 일상으로 돌려보내는 역할을 해왔다. 부석사는 2018년 유네스코 세계유산으로 등재되고, 지금은 관광객들이 감동하고 떠나는 절이 되었다.

따라서 부석사는 흥기, 쇠퇴기를 거쳐, 지금은 유지하는 과정이다. 의상이 창건한 후 화엄종 중심 사찰로 고려시대까지는 번성했지만, 조선시대 들어오면서 쇠퇴기를 겪다가 다시 유지되는 모습이다.

8.❸ 풍수지리설과 불교풍수의 종합

자생적 풍수지리설은 삼국의 건국 이전부터 도교나 유교 그리고 원시종교가 혼합된 사회적 영향을 받았다. 그것은 고대사회에 성행했던 산악숭배사상, 지모관념地母觀念, 영혼불멸사상 및 삼신오제사상三神五帝思想 등이다. 그 이후에 음양팔괘陰陽八卦와 오행생기五行生氣의 체계적인 학문으로 발전하였다. 즉, 도선 이전에 도교와 관련된 신선사상이나 불교의 정황들을 볼 때, 의상 같은 고승들 사이에서는 풍수가 횡행하고 있었다.

불교적 풍수는 『화엄경』「십지품」에서, 5지품이면 자연의 법칙을 꿰뚫게 되며, 8지품이면 우주의 원리를 터득한다. 의상의 풍수서인 '삼한산수비기'는 자생적으로 전해오는 풍수지리사상과 화엄사상의 불교풍수를 결합했을 가능성이 높다. 또한, 『돈황변문』「항마변문」 의 기록에서 불교 사상가는 '아름다운 자연 공간'이어야 '붓다가 머물며 진리를 설하기에 적합한 땅'이라며 이상적인 가람伽藍을 추구했다.

  부석사는 둘러싼 산들의 중앙에 있다. 의상은 부석사 창건을 통해 통일전쟁 직후의 혼란한 사회, 피폐한 민심을 안정시키는 데 무량수전으로 정토사상을 안착시켜 사람들에게 극락세계의 아름다움과 평온함을 부여하고자 했을 것이다. 이러한 지형에 순응하는 무량수전은 합리적인 공간구성과 배치를 실천하는 자생적 풍수지리설, 불교풍수를 종합적으로 활용했을 것이다.

  자생적 풍수지리설이나 불교풍수의 활용에서, 범종루는 비보풍수의 전통사상을, 안양루는 불교 경전의 내용으로 구현하였고, 그 각각은 전통적 누각에서 목격되는 누하진입과 누마루의 기능을 살리고 있다. 이러한 전통사상의 구현과 전통적 누각 본래의 기능은 의상의 화엄사상에 수렴되고 있다. 또한 『돈황변문』 「항마변문」에서 전하는 아름다운 자연 공간은 붓다가 머물며 천하를 설하기에 적합한 터의 조건이 된다. 이러한 조건과 함께 『화엄경』 「십지품」의 5지와 8지에서 설한 불교 풍수를 근본적으로 활용했을 것이다.

  그러므로 부석사의 절정은 무량수전의 영역을 통해 펼쳐진 자연풍광에 누각 건축이 연속되어, 시각적 아름다움을 극락세계의 이상향으로 의미화한 것이다. 부석사 산지가람에 누각을 구성하기까지는 누하진입과 누마루의 기능 그리고 풍수지리설, 불교 풍수 등 여러 기능과 사상적 체계를 무량수전 영역의 아름다움으로 구성한 것이다. 결국, 아름다움을 바라보는 그 순간, 현실의 모든 체계가 현재에 한 점으로 구성되어 과거와 미래가 관통된 시간으로 성립되는 것이다.

따라서 의상이 '부석사 터가 영험하고 산이 수려하여 참으로 불법을 설파하기 좋은 곳'이라 하여 '영험하고 수려한 명당'은 '진리를 설하기에 좋은 아름다운 정토'로 해석하여 무량수전을 안착함으로 현재에 과거와 미래의 의미를 부여했을 것이다.

8.❹ 부석사 가람배치에 나타난 전통사상의 시·공간

현재의 탑과 누각으로 부석사 가람배치에 대해 전통사상을 해석한 시·공간적 특성은 다음과 같다.

첫째, 부석사 무량수전과 3층석탑은 경사지에 안착해 극락세계를 의미하는 영역으로 방향성을 제시한다. 이때 무량수전과 탑은 각각 주변의 자연 둔덕을 활용해 영역화한 다불전 개념으로 접근할 수 있다. 이는 무량수전 영역이 미래불, 탑 영역이 현재불인 것이다. 그러므로 무량수전과 탑은 영역화되어, 화엄사상에서 보편적으로 표현되는 다불전의 시·공간으로 표현되었다는 것을 확인할 수 있다.

둘째, 부석사에 이전된 삼층쌍탑과 비로자나석불 그리고 '부석사주라청'이 새겨진 기와의 출토는 과거 사찰지역의 성장을 의미한다. 조선시대에는 불교의 쇠락으로 북지리사지가 폐사되고 '부석사주라청'이 사라졌다. 현재의 부석사는 자인당의 비로자나석불(과거불) 진로상의 3층쌍탑(현세불)이 보완된 화엄의 시간성으로 나타난다. 이 같은 신라, 고려, 조선 등 시대별 정치·사회에 나타난 불교의 흥망성쇠는 인간세상의 연기의 이치인 생·주·이·멸의 흐름으로 떠올리게 한다. 이는 전통사찰의 장소성이 인간사회를 구현한 시·공간성으로 확장해 건축학적 발전을 이룰 가치로 성장할 수 있다.

셋째, 부석사의 범종루와 안양루는 전통적 누각건축의 진입과 마루의 기능을 산지가람에 적용하였다. 부석사에는 이와 더불어 비보풍수와 불교 경전에 담긴 전통사상(불교풍수, 정토사상)이 건축적으로 구현되었다. 즉, 부석사의 누각은 누하진입과 누마루의 기능, 풍수지리설, 불교풍수 등 여러 전통사상의 체계로 드러난다. 이러한 전통건축이 지금까지 전해온 내력과 이에 담긴 전통사상은 과거를 현재에 계승하는 시·공간의 표현적 의미를 가진다.

이상으로 부석사는 탑과 누각을 통하여 전통사찰의 가람배치와 화엄사상, 연기법, 풍수지리설, 불교풍수, 전통적 누각의 기능 등이 체계를 이루어 구성되고, 그 결과 시·공간으로 표현하고 있다는 것을 확인하였다. 그 핵심은 첫째, 일탑식가람과 산지가람의 결합에서 화엄사상에서 표현되는 다불전의 시·공간인 현재불과 미래불의 영역이 드러났다. 둘째, 이전된 3층쌍탑과 자인당에 안치된 비로자나석불 2기는 산지가람인 부석사의 '지금 여기(현전)'에 과거불, 현세불을 드러나게 하였으므로 연기를 의식하는 장소적 시·공간성이 생성되었다. 셋째, 산지가람과 누각의 관계에서 여러 전통의 체계들이 현재에 과거와 미래가 아름답게 조화되는 시·공간의 특성을 드러내고 있었다. 즉, 부석사는 창건시대 이전의 일탑식가람이나 자생적 풍수지리설, 불교풍수 등 전통사상이 녹아있는 가람배치 그리고 연기의 논리로 이해할 수 있는 역사의 시간대가 중첩된 화엄의 시·공간으로 표현되고 있다.

그러므로 4부(7·8장)에서는 무량수전과 3층석탑의 미래불과 현세불, 이전된 3층쌍탑과 비로자나석불에서 현세불과 과거불 그리고 연기적 시·공간, 진로 상에 있는 누각의 정체성이 시각화되어 다양한 시·공간성을 생산하고 있다는 것을 확인하였다. 나아가 현재 부석사에 있는 탑과 누각은 방문객들이 화엄의 과거불, 현세불, 미래불 영역을 쉽게 이해할 수 있도록 문화자원의 콘텐츠로 거듭나 시·공간 사상의 가치를 알려야 할 것이다.

따라서 부석사는 전통사찰 건축이 담고 있는 시각적 정보를 발굴하여 세계적 문화자원으로 활용해야 할 것이다. 부석사는 전통적인 경사지의 시·공간적 활용, 화엄사상이나 풍수지리설의 사상적 가치, 탑과 누각의 기능과 의미의 공간성 뿐만 아니라 정보화 사회가 요구하는 건축 문화적 콘텐츠로 표현되어져 전달되고 계승되어야 할 것이다.

Ⅴ 공간의 소통과 변화, 지속가능한 DNA

누각을 배경으로 한 공간의 소통과 변화
그리고 부석사의 지속가능성을 알아본다.

9. 소통, 불교누각의 영향과 유교누각

부석사 DNA
범성계의 구현, 오름으로 화엄의 시·공간을 탐색하다.

본 장은 부석사 순례 과정에서 동선과 시각적 요소로 작용하는 누각의 가치를 논의하고자 소통적 관점으로 본 불교 누각의 영향과 유교 누각에 대한 주제로 전개한다. 전통 누각의 공간 문화적 전개, 불교·유교 누각의 일반적 변화, 불교 누각의 건축적 의미, 유교 누각의 건축적 의미를 고찰하고 불교 누각의 소통성, 불교 누각에서 유교와의 소통성, 유교 누각의 소통성으로 구분하여 분석하고자 한다.

9.❶ 전통누각의 공간 문화적 전개

    부석사는 주 동선상에 있는 범종각과 안양루로 진입하게 함으로 앞뒤 공간을 전이시켜 연속성을 이루는 경험을 하게 한다. 이에 본 장은 불교누각으로부터 유교건축에 활용된 전통누각의 소통성에 대해 논의하고자 한다.

    누각樓閣은 기둥 위에 지어 올린 누樓와 누각과 연결된 전각殿閣의 건축적 형태를 통칭한다. 전통건축에서 전해오는 누각은 자연경관의 조망을 끌어들여 풍류를 즐기기 위해 세워졌다는 것이 일반적 견해이다. 일반적인 쓰임새 외에도 과학적으로는 시간을 알리기 위해 물시계를 설치했던 역사적 기록(남문현, 1988: 54)이 존재하며 궁성이나 도성의 문루로 지어져 시간을 알리거나 위급할 때 다양한 신호로 정보(여호규, 2018: 127-158)를 알렸다.

    불교사찰에서 아침과 저녁에 종송을 울린다는 것은 사람을 포함한 모든 생명체에게 시간을 알린다는 소통성을 가진다. 조선시대 누각이나 정자에서는 유학자들이 자연과 교감하며 정치·사회적 이념을 논쟁하기도 하며 인간과 학문이 교감하는 시문학詩文學 업적이 드러나는 장소이기도 하였다. 이러한 누정樓亭문화는 자연경관의 조망을 받아들여 단순하게 풍류를 즐기거나 시간을 알리는 정보적 기능을 넘어 시문화를 생산하는 장소로 변화한 것이다. 이같이 현재까지 계승되어 온 누각은 고유의 소통과 교감이 문화적으로 확장된 건축학적 특성이 존재한다. 여기에는 누하진입과 누마루의 공간적 기능이 작용한다.

누각건축의 기능적 특성으로 계승되어 온 누하진입과 누마루의 공간성은 자연과 인간을 연속하는 매개체가 되었다. 누각의 소통성은 봉정사나 부석사 같은 불교사찰에서는 2층 누각을 건립하고 누하진입으로 앞뒤 공간 경계에 위치하여 전이성을 이루며, 누마루에서는 자연과 인간, 인간과 인간이 소통하는 장이 된다. 그런데 조선시대의 유학자들은 불교사찰을 점유하여 시를 읊었고, 그 영향으로 유학자들은 서원에도 2층 누각을 설치하였고 이를 매개로 내부와 외부의 경계를 이루게 하였다. 일반인들이 서원에 들어올 수 없지만 특정한 시기에 광대들이 벌이는 볼꺼리를 누각 밖에 열고, 누마루 연회에는 지역의 원로들을 초청하여 축하, 위로, 환영, 석별 등의 행사를 열어 소통을 이루었다. 그러므로 누각은 대중들에게 시간이나 신호 정보를 전달하였고, 열려있는 건축적 개방감으로 인간과 인간의 마음을 열게 한다는 점에서 소통성을 가진다.

이러한 배경에서, 본 장은 역사 속에 나타난 전통 누각을 살펴보고자 한다. 불교건축에 누각이 공간적으로 적용된 봉정사와 부석사의 사례를 통해 그 가치를 해석하고, 나아가 조선시대에 불교누각에 나타난 유교의 지배적 이념과 불교 건축의 영향이 서원건축에 반영되어 변화해 온 가치를 누각건축이 가지는 소통적 관점으로 논의할 것이다.

9.❷ 불교·유교 누각의 일반적 변화

누각은 자연이 아름다운 곳에 조망을 위한 것이거나 풍류를 즐기기 위해 세우는 것으로 전해져 왔다. 궁궐에서 누각은 정원을 꾸며 경치를 감상할 수 있도록 독립적으로 배치하여 자연과 동화되도록 하였다(탑이미지편집부, 2022). 또한, 누각은 궁성이나 도성의 문루로 지어져 북이나 종을 쳐서 성문을 여닫는 시간을 알리거나 통행을 통제하였고, 위급한 사건 발생 시 다양한 신호로 정보를 알리는 역할을 하였다.

과학적 관점에서 누각은 본래 물시계를 말하는 것으로 중국에서 누호漏壺, 각누刻漏라고 한 것을 우리는 누각漏刻, 경루更漏, 누호漏壺라 불렀다. 『삼국사기』에는 718년에 황룡사[71]에 누각을 만들었다고 기록되어 있다(남문현, 1988: 54). 황룡사에 누각(물시계)을 설치하여 월성의 백성에게 시간을 알렸다는 것은 절이 도심에 위치해 시보제時報制를 시행하고 관인과 도성인의 생활 시각을 제정했다는 것을 증명한다(여호규, 2018: 127-158). 그러므로 오늘날 불교사찰에 범종각을 설치해 아침과 저녁으로 조례종송朝禮鐘頌과 석례종송夕禮鐘頌을 울린다는 것은 모든 생명체에게 시간을 알린다는 소통적 전통이 계승되었다고 볼 수 있다.

불교사찰에서 누각은 봉정사의 사례처럼 문루의 기능과 함께 마당

---

71. 황룡사는 진흥왕 14(553)년 경주월성 동쪽에 궁궐을 짓다가 황룡이 나타났다는 말을 듣고 절로 고쳐짓기 시작하여 17년 만에 완성되었다. 그러므로 8세기 초의 황룡사지는 월성 안 도심지에 위치하였음을 알 수 있다(여호규, 2014).

의 연장선에서 불교 행사의 공간으로 사용하였다(문정필, 2022: 33-62). 봉정사나 마곡사와 같은 산사에서는 안마당에 불전, 승방, 강당, 누각 등 4채의 건물을 배치하는 경우가 많았다(황정임·문정필, 2024: 161-203). 누각은 사찰의 안마당에서 볼 때 같은 높이, 또는 조금 높은 높이로 지어 올렸고, 양옆으로 다른 행각을 지어 연결하였다. 그런데 17세기부터는 2층 누각만 단독으로 짓는 경우가 많았다. 산사의 안마당에 2층 누각을 세운 결과로는 경사지를 통해 올라올 때 높은 누각과 마주침으로써 얻는 공간감이 생겨났다. 특히, 부석사는 무량수전으로 진입하는 과정에 2층 누각을 설치하여 역동적으로 생성되는 공간감과 오르고 머물면서 다음 공간을 맞이하는 전이성, 누각을 배경으로 바라보는 경관과 함께하는 다중의 공간 이념도 발생되었다(한주희·문정필, 2023: 373-405).

민간에서의 누각은 상류층, 식자층의 문화와 휴식 공간으로 사용되었고, 조선시대에 이르러 유가 사상과 결합함으로 풍경을 바라보고 풍류를 즐기는 누정樓亭문화로 발전하였다. 누정문화는 유학자들이 정치·사회적 이념을 논하면서 자연과 사람과 학문이 교감하는 공간으로 발전되었다. 이러한 문화는 역사, 지리, 환경적 특색에 따라 시문화를 표현하기도 하였다. 그 시작은 정치적으로 탄압된 불교사찰에 유학자들이 출입하여 누각에서 사회적 이념을 논하고 문학적 토론의 장으로 활용함으로 유교적 지배이데올로기를 드러내는 것이었다(문정필, 2022:123-147). 대표적인 예로 퇴계 이황李滉(1501~1570)이 봉정사에 머문 후 유학자들이 만세루를 점유한 흔적들이 여러 문집에 기록되어 있다.[72] 이를 통해 조선시대 불교사찰의 누각은 숭유억불의 흔적으로 상징되기도 하면서, 암묵적인 유·불의 소통공간으로 활용되기도 한다.[73]

조선 중기부터 민간에서 활성화된 선비들의 사학기관인 서원에는 사찰에 출입한 유학자들의 영향으로 누각건축이 적극적으로 활용되었다. 서원 건축의 배치는 대부분 앞쪽에 교육시설, 뒤쪽에 제향시설로 조닝zoning하고 앞에서부터 정문, 누각, 강당, 내 삼문, 사당 순으로 배치된다. 서원은 일정한 중심축을 두어 강당 전면 좌우 대칭으로 동·서재를 두어 교생들의 숙소로 이용되는 것이 일반적인 배치다. 즉, 강당 앞에 중정 마당을 두고 그 좌우에 동재와 서재를 두었고 그 마당 앞에 누각을 두어 서원 안에서 외부 경관의 시선을 조절하는 역할을 하였다. 이러한 배치는 앞서 건축된 봉정사나 마곡사의 배치 기법과 유사하다. 특히, 옥산서원과 병산서원은 완만한 경사지에 건립되어 산지가람 사찰의 누각을 적용하기에 적절했다. 그 마당 앞에 2층 누각을 설치해 누하진입과 누마루를 활용해 휴식이나 토론의 공간을 이루었다. 그러므로 서원의 누각은 서원 내의 공간과 외부 자연과 연속성을 이루는 매개체가 되었다. 선행된 불교 누각의 공간과 유사한 누하진입과 누마루의 활용성, 그리고 누각 자체를 매개로 하는 앞뒤 공

---

72. 퇴계의 일대기가 담겨있는 『퇴계선생문집』, 황준량의 문집인 『금계집』과 함께 특히, 이동표의 『남덕루기覽德樓記』와 정필달의 『팔송집八松集』(1683), 「덕휘루기」에서는 퇴계를 봉황에 견주어 기록하기도 하였다.

73. 여기서 암묵적이라고 하는 것은 조선의 유학자들(특히, 퇴계의 후학들)로 인해 전통적으로 전해진 불교사찰과 봉황의 관계를 흐리게 하고 인간 봉황으로 칭송한 퇴계를 명료하게 하였다는 점이다. 누각을 통한 숭유억불, 유·불의 소통은 이러한 조선의 유학적 지배이데올로기가 배경을 이룬다.

간의 전이성이 그것이다.[74]

9.❸ 불교 누각의 건축적 의미

불교 누각은 경전에 기록된 '입누각入樓閣'이나 경전 내용을 불화로 표현하고 해석된 내용으로 누각의 의미를 확인할 수 있다. 그러므로 불교사찰의 누각은 경전의 기록을 건축적으로 구현하였다고 볼 수 있다. 경전의 누각이 건축적으로 구현된 배경에는 『관무량수경』에서 설한 내용을 「관경변상도觀經變相圖」로 표현하였듯이, 여러 불화에 기록된 누각의 이미지가 매개 역할을 했을 것이다.

불교의 누각은 『화엄경』 「입법계품」에서 선재동자의 '입누각'의 이야기를 통해 살펴볼 수 있다. 「입법계품」은 문수보살의 권유로 53명의 선지식을 방문해 가르침을 받도록 하는 이야기다. 미륵보살의 가르침을 받는 중 입누각에 대한 내용은 다음과 같다.

미륵보살이 말했다. 선남자여 너는 "보살이 어떻게 보살행을 배우고 닦느냐?"라고 물었다. 선남자여 네가 이 비로차나장엄장대누각毗盧遮那莊嚴藏大樓閣에 들어가 두루 관찰하면 보살행을 배울 수 있을 것이다. …"대성大聖이시어 저로 하여금 들어가게 하실 것을 원합니다."고 하자 미륵보살이 누각에 이르러 손가락을 튕겨 소리 내었다. 문이 열리고 선재가 들어가 기뻐하자, 문이 닫혔다. 그

▽
74. 이러한 특성은 9장의 7절에서 '옥산서원'과 '병산서원'의 해석으로 자세히 논의할 것이다.

누각 안을 보니 허공처럼 광대하였다. 미륵보살이 누각에 들어와 손가락을 튕겨서 말하기를 "선남자여 일어나라 법성은 이와 같다. 이 광경은 보살이 모든 존재는 인연이 모여서 나타난 상相이라는 것을 알기 위한 것이다. 이와 같이 자성은 환상, 꿈, 영상과 같아서 얻을 수 없다." 그때 선재가 손가락 튕기는 소리를 듣고 일어났다(『화엄경』「입법계품」).

이같이 『화엄경』의 내용은 구도자가 누각에 들어가려면 선재동자와 같이 경지에 오른 수행과 미륵보살의 가피력을 입어야 들어갈 수 있다는 것이다. 선재가 누각의 문에 들어간 것은 깨달음을 의미한다고 볼 수 있다. 그러므로 누각은 깨달았거나 깨달을 수 있는 장소적 가치를 암시하는 것이다.

그 누각 내부가 허공처럼 광대하였다고 하는 것은 『관무량수경』에 나오는 극락의 세계를 의미한다고 볼 수 있다. 『관무량수경』에서는 정토를 관하는 16가지 방법 중 설해지는 7가지(향, 물, 땅, 나무, 연못, 누각, 대臺)의 경관에 관해 실제로 현현된다고 하였는데, '누각'에 대한 기록은 다음과 같다.

"온갖 보석으로 장식된 국토의 낱낱 경계 위에 오백억 보석 누각이 있고 그 누각 안에서 무수만 천인天人들이 천상의 음악을 연주한다. 악기는 허공에 매달려 책상의 보석 당번幢幡처럼 저절로 울린다. 이 여러 가지 음악은 모두 부처를 생각하고 교법을 생각하고 승가를 생각할 것을 설하고 있다. 이 관에 도달하면 극락세계의 보석으로 된 나무와 땅과 연못을 대강 보았다고 한다"(『관무량수경』).

이같이 누각은 그 규모나 형상 그리고 누각 안에서 본 주변의 경관을 시각적으로 표현하였고, 누각 주변에 들려오는 음악을 표현하였다. 즉, 시각과 청각을 대상으로 생각이 깨어있음을 의미한다.

그러므로 화엄종 사찰의 누각은 『화엄경』 「입법계품」의 입누각을 구현하였거나, 정토계 사찰의 누각과 그 주변을 극락정토와 같은 모습으로 구현한 것이라 볼 수 있다. 이는 「입법계품」을 통한 불화나 『관무량수경』의 16관을 「관경변상도」에 구현한 누각의 이미지가 건축적 누각의 실제를 통해 불도를 회상하는 의도라 볼 수 있다. 따라서 불교 사찰의 누각은 경전의 기록을 실제로 구현한 이상적 의미로 받아들일 수 있다.

9.❹ 유교 누각의 건축적 의미

유교는 '공중누각'으로 누각건축의 정체성을 확인할 수 있다. 그런데 유가에서 공중누각이나 사상누각이라는 것은 헛된 망상을 비유하는 말이다. 공중누각은 공중에 지은 누각, 진실성이 없거나 비현실적인 허황된 이야기나 문장, 혹은 헛된 망상을 신기루와 같은 말로 비유하여 사용한다. 공중누각은 중국 송宋나라 심괄沈括(1031-1095)이 저술한 『몽계필담夢溪筆談』에 다음과 같이 기록되어 있다.[75]

▽
75. 『몽계필담夢溪筆談』은 심괄이 말년을 보낸 윤주(지금의 장쑤 성 전장)에 있는 몽계원이라는 정원에서 손님들과 나눈 대화를 기록한 내용이다.

등주登州는 사면이 바다에 둘러싸여 있는데, 봄과 여름에 저 멀리 하늘가에 도시의 누대 모양이 어렴풋이 보인다. 이 지역 사람들은 이것을 해시海市라 부른다(沈括. 2017).

이 글에서 공중누각이라는 말이 인용되며 그 의미는 말이나 행동이 허황됨을 지칭한다. 공중누각과 유사한 단어는 『사기史記』「천관서天官書」에 "신기는 누대같이 생겼는데 광야에는 그 기운이 궁궐을 이룬다."하여 신기루蜃氣樓라는 말이 기록되어 있다. 신蜃은 큰 대합大蛤이나 교룡蛟龍의 일종으로, 이것들이 품어내는 기운이 성곽이나 누대를 형상으로 만들어 낸다고 했다.

공중누각과 같은 말로 '사상누각砂上樓閣'이 있는데, 모래 위의 누각이라는 뜻으로, 오래 유지되지 못할 일이나 실현 불가능한 일을 말한다. 사상누각은 겉모양은 그럴싸하나, 기초가 약해 오래가지 못해 실현 불가능한 일 등을 비유하는 말로 헛된 것을 비유하는 말이다.

그런데 조선시대 김성일金誠一이 쓴 『학봉집鶴峯集』에 "태허루太虛樓에 오르다."라는 시에는 다음과 같은 공중누각과 관련된 내용이 언급된다.

> 봄바람 부는 속에 나그네 누에 올라
> 높은 난간 기대어서 저 먼 곳 바라보네.
> 백 리의 산하는 앉은 자리 둘러 있고
> 천 겹의 바다와 산 주렴 안에 들어오네.

광막한 데 몸 노닐어 흐릿하여 가이 없고

풍운 속에 생각 들어 드넓어서 못 거두네.

마음자리 예로부터 누가 이와 비슷했나

공중누각 같았던 소공에게 구하라[76]

여기서 '공중누각 같았던 소공'이란 구절에서 '소공'은 송나라 때 '소옹邵雍(1011-1077)'을 가리키며, 소옹의 명철하고 통달한 역학적 학식을 공중누각으로 은유한 것이다. 이는 정호程顥가 소옹의 사통팔달四通八達적 사상을 묘사해 사방팔방으로 두루 통달함을 일러 '공중누각'이라 하였다(곽신환, 2011: 149). 소옹은 역학자로서 성리학의 이상주의 학파 형성에 영향을 준 인물이다.[77] 그러므로 김성일은 소옹의 사상처럼 전혀 허황함이 없고 학문이 통달하여 멀리 볼 수 있는 식견과 광범위한 지식을 갖추었다는 의미로 공중누각을 언급한 것으로 추정된다.

율곡(李珥, 1536-1584)도 소옹의 역학에 관심을 가진 인물이다. 그의 저서 『역수책』, 『성학십요』, 『동호문답』, 『만언봉사』, 『경연일기』 등에는 소옹에 대한 긍정적·비판적 가치를 논하고 있다. 특히 소옹의 역학은 복희伏羲, 문왕文王, 주공周公, 공자孔子를 이어 나간 인물로 자리

▽
76. 春風吹客上高樓 徙倚危欄眺望悠 百里關河環座席 千重海嶽入簾鉤 身遊廣漠渾無極 思入風雲浩不收 心地古來誰得似 空中須向邵公求(『학봉집鶴峯集 제1권』 시詩-태허루太虛樓에 오르다).
77. 소옹의 기본적인 사상은 "모든 존재하는 것의 본원에는 통일성이 존재하며 그것은 소수의 뛰어난 사람만이 파악할 수 있다."는 것이다. "우주의 통일성 원리는 우주뿐만 아니라 인간의 마음에도 똑같이 적용된다"는 그의 사상은 성리학파 이상론의 기본이 되었다. 소옹의 사상은 라이프니츠(G. W. Leibniz, 1646-1716)의 2진법에도 영향을 주었다.

매김하고 있다(곽신한, 2011: 131). 그러므로 소옹의 학문에 빗댄 공중누각은 진실성이 없거나 비현실적인 허황된 이야기나 문장, 혹은 헛된 망상의 신기루와는 다른 반대의 의미로, 허황함이 없고 학문이 통달하여 멀리 볼 수 있는 식견과 광범위한 지식을 가진 인물을 은유한 어휘이다.

따라서 유교건축을 대표하는 서원건축에서의 누각은 소옹이 성리학의 이상주의 학파에 영향을 주었듯이, 공중에 떠 사통팔달로 통하는 문인들의 인간 됨을 공중누각의 의미로 이해할 수 있는 것이다.

9.❺ 불교 누각과 소통성

본 절은 통일 신라 시대에 창건된 '봉정사'와 '부석사'의 누각을 비교하여 살펴보고자 한다. 봉정사는 신라 문무왕12년(672)에 의상의 제자 능인이 창건하였고, 부석사는 신라 문무왕16년(676)에 의상이 창건하였다. 이 사찰의 선정 이유와 부석사와의 공통점으로, 능인은 의상의 제자였다는 점, 봉정사(672년, 신라 문무왕 12년)와 부석사(676년, 신라 문무왕 16년)는 창건연대가 4년밖에 차이가 나지 않는 동시대의 사찰이다. 또한, 유네스코 문화유산에 '산사, 한국의 산지승원'으로 등재(2018. 6. 30.)된 7곳 사찰에 포함되며, 창건 당시에는 화엄사상을 추구하였으며, 경사지에 안착되어 있는 공통점이 있다.

먼저, 경사지에 자리 잡은 봉정사는 단을 지어 각 전각을 배치하였다. 대웅전이 가장 높게 자리 잡았고, 그 좌측 단에 극락전이 자리 잡앉다. 극락전과 대웅전의 하부 단에는 좌측부터 고금당, 화엄강당, 무량해회 등의 전각과 요사채가 자리 잡고 있다. 고금당과 화엄강당은 극락전 폭 이상의 마당을 확보하였고 화엄강당과 무량해회도 대웅전 전면 폭 이상의 마당을 확보하고 있다. 그 마당 밑에 작은 마당을 통해 계단으로 만세루 마루에 오르거나 하부로 출입할 수 있다. 만세루 하부는 누하진입 형식으로 사찰 안과 밖을 연결하는 문루의 기능을 가진다. 만세루 밖은 계단으로 경사지를 극복하고 있다[그림 5.1].

봉정사 만세루의 마루에서 본 전망은 내부의 건축공간을 배경으로 자연을 끌어들이는 차경(借景) 수법으로 느낄 수 있다[그림 5.2]. 또한 누마루에는 범종, 운판, 목어, 홍고 등을 비치하여 조·석례종송을 울려 자연의 생명체들과 소통하는 기능을 같이한다. 즉, 봉정사 만세루 마루는 대중들이 차경을 감상할 수도 있고 종송으로 다른 생명체들과 소통하는 기능을 같이한다. 누마루에서 북쪽으로 시선을 돌리면 집채가 감싸, 편안한 느낌을 준다. 즉, 만세루의 마루는 봉정사 앞마당과 연속되는 공간성을 가진다. 건축물은 마당 공간을 둘러싼 중정을 중심으로 배치되었기 때문이다. 그러므로 만세루는 진입과 전망을 조절하는 공간성을 가진다. 만세루의 누하진입은 루 하부의 터널을 지나 빛과 함께 본전 앞마당에 도달하는 극적인 느낌을 받게 된다.

부석사는 무량수전을 중심으로 하는 화엄종 사찰이다. 의상은 불교를 국교로 하는 신라에서 화엄종에 쉽게 접근하기 위해 정토사상의 체계에 따라 무량수전을 안착시켰다. 그 방법은 정토사상의 삼배구품

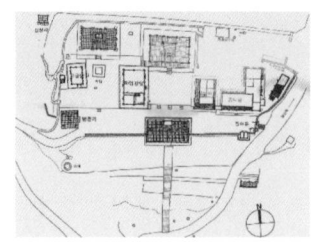
[그림 5.1] 봉정사 배치도(문화재청, 1997)

[그림 5.2] 봉정사 만세루의 차경과 전경

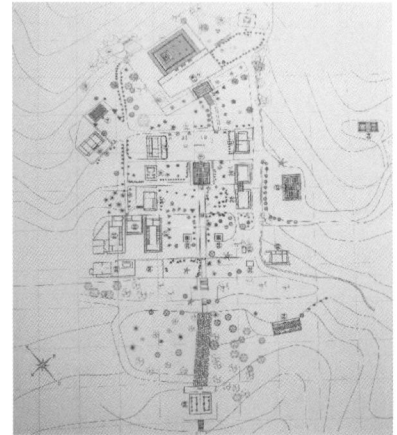
[그림 5.3] 부석사 배치도(문화재청, 2002)

[그림 5.4] 부석사 안양루의 전경

을 구현한 9개의 석축에 계단을 활용해 오르면서 실천하는 화엄 수행을 이끌었다. 부석사는 진입이 시작되는 일주문, 천왕문, 범종루까지 서남향의 축선으로 오름의 진행을 이루고, 안양루에서 남향 축선으로 변화되어 무량수전 영역에 오르게 된다. 무량수전의 전면은 남향이 되나 기도 방향은 서쪽이다. 정토를 암시하는 서쪽에 아미타 본존불을 모셨기 때문이다. 이는 지형적 풍수지리설과 정토사상이 일치되는 배치이다[그림 5.3].

부석사는 진입 축에 두 채의 누각이 있는데 범종루와 안양루[그림 5.4]

가 그것이다. 범종루 마루에서 조·석례종송을 울린다는 것은 인간을 포함한 모든 생명체에게 시간을 알리는 소통성을 가진다. 범종각과 안양루 하부는 경사지를 오르내리면서 잠시 머물고 또다시 진행하는 누하진입의 공간감을 가진다. 누하진입은 앞과 뒤의 공간을 전이시킨다. 특히, 급한 계단과 마지막 관문인 안양루에서 무량수전 영역에 이르는 체험은 정토사상을 통해 의상의 화엄사상을 표현한 것이다. 무량수전 영역에 당도한 안양루의 마루에서는 산맥의 능선들이 끝없이 펼쳐진 장엄한 아름다움을 느낄 수 있다. 이러한 자연경관은 『돈황변문』 「항마변문」에 전하는 '붓다가 머물며 진리를 설하기에 적합한 땅'으로 극락세계의 이상향을 담고 있다. 부석사 무량수전 영역의 안양루는 근경으로 주산과 안산, 좌우 청룡·백호로 구성된 입지에 원경이 되는 태백·소백산맥의 능선들이 겹쳐져 마치 장엄한 극락세계를 구현하는 듯하다.

따라서 봉정사와 부석사의 누각은 누하진입하는 문루나 종성으로 만물과 소통적 기능을 하는 누마루 외에도 누각 자체가 자연에 연속되므로 건축에 자연을 받아들이는 소통성을 잘 표현하고 있다.

9.6 불교 누각에서 유교와의 소통성

봉정사와 부석사에는 조선시대에 유학자들이 출입한 흔적이 있다. 조선 사회의 정치적 이념이었던 숭유억불로 불교가 탄압되었기에 봉정사나 부석사는 사찰 공간의 일부를 정치·사회 문학의 토론장으로 내주게 된다. 즉, 조선시대의 봉정사나 부석사는 유학자들을 맞이하여 사찰의 생존을 모색하게 된다.

조선시대에는 유교적 지배이념으로 인해 정치·사회적 변화가 발생된다. 사실, 공간의 지배는 누각뿐만 아니라 주거 공간에서도 나타나며, 그 공간은 남녀유별, 유가적 위계에 의해 건축되었다는 점에서 유가의 정신문화로 드러난다. 그런데 숭유억불을 추구하는 조선의 정치·사회의 분위기에서 유학자들이 불교 누각을 점유한 사건은 물질문화와 정신문화 간의 차이라고 보기에는 도를 넘는 듯하다. 이러한 내용은 봉정사와 부석사의 흔적을 통해 엿볼 수 있다.

봉정사 만세루는 조선의 유학자들이 점유한 흔적이 있으며, 유교적인 요소가 적지 않게 녹아있다. 만세루는 덕휘루德輝樓라고 했는데, 덕휘의 의미는 유향의 성격이 강하다.[78] 만세루의 마루는 유학자들이 승려들과 차를 마시면서 토론했던 공간이기도 하다. 불교와 유교라는 종교 사상을 추구하던 두 집단이 만세루의 공간에서 만난 것이다. 사찰에서 토론 문화는 불교가 유교를 품는 교류의 장으로 이해되나, 조선시대 당시는 유교가 사찰의 생존을 좌우했다. 이에 봉정사는 권력을 쥐고 있는 유학자들에게 만세루를 시회詩會의 장소로 내어준 것이다. 그러므로 조선시대의 봉정사는 불교의 생존을 위해 유학자들이

▽

78. '덕휘루'의 '덕휘'는 덕이 빛난다는 의미로, 나라가 태평하면 하늘에서 봉황이 내려온다는 전설과 관련되어 있다. 중국 전한시대 가의賈誼(BC 200~168)가 지은, 굴원의 절개를 기린 '조굴원부弔屈原賦'에 다음과 같은 구절이 있다. '봉황새는 천 길 높이로 날면서 덕이 빛나는 곳을 보고 내리고, 덕이 없고 험악한 조짐을 보일 때면 날개를 거듭 쳐서 멀리 날아가 버린다(鳳凰翔于千仞兮 覽德輝而下之 見細德之險微兮 遙增擊而去之).' 즉, '덕휘'는 이 글귀의 '남덕휘이하지覽德輝而下之' 중에서 따온 것이다.

만세루를 점유하게 하였고, 이 공간은 암묵적인 유·불사상의 소통을 이루었던 장소가 된 것이다.

부석사에는 범종루나 안양루 외에 사라진 취원루聚遠樓가 있었다. 취원루는 부석사 서쪽영역에 자리하여 고려 말 이후 신흥 사대부 문인들의 시詩회 장소가 되었다(정기철, 2011:81). 취원루는 조선시대에 와서 유학자들에게 인정을 획득하기 위한 사회적 공간이 된다. 조선 중기에 이르면서, 취원루에 사대부 문인들인 주세붕, 이황, 김성일 등이 출입하면서 지은 시문들이 전해진다(정기철, 2011:60).[79] 즉, 조선 사회의 부석사도 봉정사와 마찬가지로 사찰을 유지하기 위해 삼배구품 도량이라는 위상을 강조하고 무량수전 영역의 취원루를 사대부들에게 사회적 공간으로 제시해 유·불 소통을 이루게 했다고 볼 수 있다. 이는 승려들의 생존을 모색한 이념의 시각으로 봐야 할 것이다.

이같이 봉정사, 부석사와 같은 조선시대 사찰은 불교의 명맥유지와 승려들의 생존을 위해, 만세루와 취원루의 영역을 사대부에게 내어주게 된다. 결과적으로 조선 사찰의 누각은 불교의 존립을 위해 유·불의 사상적 소통을 이루었다고 볼 수 있다.

유·불의 토론의 장이 된 봉정사 만세루와 부석사 취원루는 불교와 유교가 소통하는 장소가 되었고, 불교의 누각은 유학자들에게 친숙한 공간이 되었을 것이다. 이러한 상황 때문에 유가의 서원 건축에 지대한 영향을 끼친 것으로 보인다.

▽
79. 16-19세기에 부석사 취원루 관련 제영시는 21인의 29수로 전해진다(한국고전종합DB(http://db.itkc.or.kr/)와 유고넷(http://www.ugyo.net/)을 통한 조사임).

9.❼ 유교 누각과 소통성

서원 건축은 16세기 조선 중기부터 건립되기 시작하여 숙종 때 최고조에 달했다. 사학기관인 서원은 유학자들이 건축지를 정할 때 풍광이 뛰어난 곳이나 선현이 강도하던 인연 깊은 곳을 택함으로 교육 효과가 컸다. 서원 건축의 공간구성과 배치는 교육시설인 재실과 강당, 제향 시설인 사당으로 이루어진다. 서원은 대부분 앞쪽에 교육시설, 뒤쪽에 제향시설이 위치한다. 건물의 기본 배치는 일정한 중심축이 있어 앞에서부터 '정문'[80] 누각, 강당, 내 산문, 사당 순으로 배치된다. 또한, 강당 전면 좌우 대칭으로 동·서재를 두어 교생들의 숙소로 이용되는 것이 일반적인 배치다.

조선의 이름난 서원은 대부분 배산임수의 명당에 자리 잡아 뛰어난 자연환경으로 좋은 교육 환경을 갖추고 있다. 도산서원, 소수서원, 옥산서원, 병산서원 등도 빼어난 산수와 함께한다. 그 중 '경주 옥산서원'과 '안동 병산서원'은 한국의 교육과 사회적 관습 형태로 지속되어 온 성리학과 관련된 문화적 전통의 증거로, 성리학 개념이 여건에 맞게 바뀌는 역사적 과정을 보여준다는 점에서 탁월한 보편적 가치가 인정되어 '다른 서원 7곳'[81]과 함께 유네스코 세계문화유산으로 등재

---

80. 서원건축의 정문은 대부분 평대문이나 솟을삼문이다. 영남지역에서는 정문과 조합하여 2층 누각을 두어 진입한 사례도 있다. 대표적인 서원이 병산서원이다.
81. 유네스코 세계문화유산으로 등재된 한국의 서원은 총 9곳이다. 2019년 유네스코 세계유산위원회는 경주 옥산서원, 안동 병산서원을 포함해 영주 소수서원, 함양 남계서원, 안동 도산서원, 장성 필암서원, 달성 도동서원, 정읍 무성서원, 논산 돈암서원을 묶은 '한국의 서원'으로 지정했다.

(2019)되었다. '옥산서원'과 '병산서원'의 공통점은 경사지에 위치하고 2층 누각이 존재한다.

옥산서원(1573년 건립)은 이언적李彦迪의 덕행과 학문을 추모하기 위해 선조5년(1572) 경주부윤 이제민李齊閔이 지방 유림의 뜻에 따라 창건했다. 옥산서원의 구성은 정문인 역락문亦樂門, 이언적의 위패를 봉안한

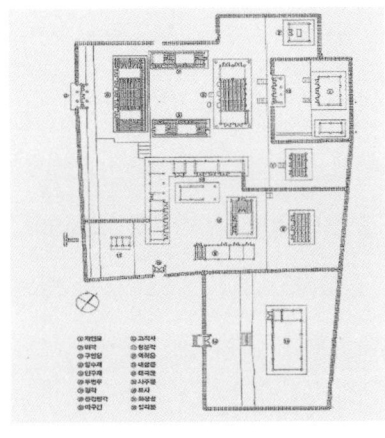

[그림 5.5] 옥산서원 배치도

[그림 5.6] 옥산서원 중정에서 본 무변루 전경

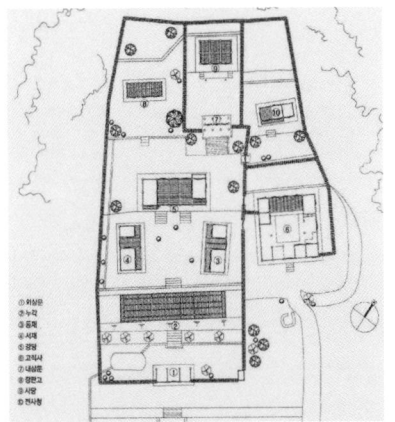

[그림 5.7] 병산서원 배치도

[그림 5.8] 병산서원 만대루의 차경 및 전경

체인묘體仁廟, 화합·토론하는 강당인 구인당求仁堂, 유생들이 거처하면서 학문을 닦는 민구재敏求齋와 은수재誾修齋[82], 휴식공간인 무변루, 내사전적內賜典籍과 이언적의 문집 및 판본을 보관하던 장경각藏經閣, 장판각藏板閣 등이 있다[그림 5.5].

옥산서원의 무변루는 마당이 구심적 역할을 한다. 무변루의 길이는 밖에서는 7칸, 마당에서는 5칸으로 인지되는 누각이다. 대청으로 트여져 있는 중앙의 3칸과 함께 그 양쪽 각 한 칸은 방으로 막아 양옆의 시선을 차단해 마당 공간을 강조하고 있다. 즉, 무변루는 중앙 3칸의 누마루와 함께 각각의 방이 양측에 한 칸씩 있고 또 그 양측에 한 칸씩 누마루를 설치하여 총 7칸을 구성하고 있다. 무변루는 마당에서 볼 때 민구재와 은수재에 가려 5칸만 인식되고 3칸 마루를 통해 밖의 경관이 통제되어 시야에 들어온다[그림 5.6].

병산서원(1613년 건립)은 안동시 풍천면에 위치하고 퇴계의 후학들이 유성룡柳成龍을 기리기 위해 세운 것이다. 이 서원의 주변은 절벽같이 펼쳐진 병산과 함께 넓은 백사장과 유유히 흐르는 낙동강을 마주하고 있다. 병산서원은 존덕사, 입교당立敎堂, 신문神門, 전사청典祀廳, 장판각藏板閣, 동재東齋, 서재西齋, 만대루晩對樓, 복례문復禮門, 고직사庫直舍 로 구성되어 있다[그림 5.7].

병산서원은 강변으로 향하는 경사지에 위치하고 7칸의 2층 누각의 소통성과 만대루가 있다. 만대루는 서원 누각이 가져야 하는 기능

▽
82. 옥산서원은 남향이 아닌 서향으므로 동재, 서재로 하지 않고 민구재敏求齋와 은수재誾修齋로 달리 명칭 하였다.

을 잘 유지하면서, 주변 경관을 끌어들이는 전통적인 차경 수법을 잘 살렸고 인공적 조작과 장식을 억제하였으며 자연에 지속되는 건축의 기본에 충실한 건축관을 잘 보여주는 우리나라 서원 누각의 대표작이다. 그러므로 병산서원의 진정한 가치는 만대루를 통해 주변의 경치를 서원의 안 마당에 병풍처럼 끌어들이는 차경을 보여주는 것이다[그림 5.8].

따라서 옥산서원의 무변루, 병산서원의 만대루는 봉정사 만세루나 부석사 범종루, 안양루의 누하진입과 취원루를 포함한 누마루 형식에 영향을 받았다고 볼 수 있다. 즉, 서원의 누각은 선비들이 부석사나 봉정사에 자연스럽게 출입하는 것이 확산되면서 누하진입과 누마루의 건축적 특성을 서원건축에 계승한 소통적 가치라 볼 수 있다.

10. 불교와 유교의 누각에 나타난 건축문화의 지속성

부석사 DNA
봉황계의 이무기, 오름으로 화엄이 사고공간을 탐색하다.

　본 장은 유·불 누각에 나타난 건축문화의 지속성으로 종합화하고자 한다. 전통사회의 변화에서 본 누각을 문화적 관점에서 바라볼 때, 불교 누각의 지속성은 화엄·정토사상이 문화적으로 승화되었기 때문이며. 조선의 숭유억불 시대는 사찰의 누각에서 유·불의 소통 문화로 발달하였고, 유교 누각은 수양과 사회적 소통 문화가 발달했다는 종합적 가치를 이룬다. 이러한 누각 소통성과 변화가 건축문화로 지금까지 계승되고 있다는 것을 밝힌다.

10.❶ 전통사회의 변화에서 본 누각 문화

앞 장에서 언급했듯이, 한국의 전통 누각은 경치를 감상하거나 의례, 사색, 교류를 위한 공간으로 지속되어 왔다. 전통 누각이 지금까지 공간적으로 계승되어 온 것은 불교 누각을 시작으로 하늘과 지상, 인간과 자연, 인간과 신성한 존재와의 소통의 매개체였기 때문이다. 예를 들면, 고대로부터 지금까지 범종루에서 울리는 신성한 소리는, 자연에 전하는 시간의 메시지와 함께 명상, 해탈, 불국토와의 연속성을 지향한다. 즉, 불교누각의 소통성은 초월과 해탈을 상징하며 불·보살의 세계와 인간 세계의 연결을 상징하는 것이다.

조선이 유교 중심 국가로 탈바꿈하면서 성리학을 국가 이념으로 삼았고, 불교는 점차 억압과 축소의 대상이 되었다. 억불정책 이후로 도시나 민가 가까운 곳에 있던 사찰과 불교와 관련된 민간 기록도 사라졌다. 전통적으로 전해오는 종교시설에는 각 지역의 민간 생활사 및 표면에 드러나지 않는 시사적 기록이 남는 경우가 많았는데, 한국 사찰은 조선 이후에 몰락을 거듭하면서 민간 기록까지도 다 날려버렸다. 하지만 자연경관이 뛰어난 곳에 자리 잡은 일부 사찰만이 역사·문화적 자산으로 명맥을 유지하고 있었다.

다른 한편으로, 조선 초기의 유교 건축은 절제, 겸손, 자연과의 조화 등 성리학의 가치관을 구현했다. 사치를 지양하는 선비정신의 영향이 반영된 유교 건축은 사회적 위계를 반영했다. 유교 건축은 '예禮'를 사회의 윤리 규범으로 정립했기 때문에, 소박하고 검소한 아름다움을 지니고 있었다. 조선 초기 성리학은 궁궐, 향교, 주거 등의 건축에 영향을 미쳤으므로, 이 건축물들은 절제된 위엄을 중시했다. 이때 유교 누각의 소통성은 유학자 간 소통이나 계층화된 소통으로 대중과 자유롭게 소통하는 개방성은 제한적이었다. 유교 누각도 자연과의 교감을 고려했지만, 성리학은 자기성찰을 중심으로 하는 사색과 수양을 했으므로 '단층 누각'이 대부분이었다.

조선 중기 이후에는 서원, 정자와 연결된 누각이 증가하면서 개방성이 강조되어 자연 풍경과의 연계가 핵심 요소를 이루고 사회적 소통과 지역 공동체의 중심 공간으로 거듭났다. 유학자들이 산중 사찰을 출입하면서 불교 누각의 특성인 인간과 불법佛法, 인간과 보살 사이를 연결하는 소통적 문화에 영향을 받았기 때문이다. 불교 누각에서 이루어진 인간과 인간 간의 교류, 특히 도학적 대화나 문인 교류를 위한 소통성이 유교 누각의 공간문화로 발전되었을 것이다.

유학자들은 불교 누각을 재해석하고 점유하며 유교적 의미를 덧씌우는 방식으로 활용했다. 불교 누각을 정자화亭子化하여 풍류와 수양의 공간으로 사용했기 때문이다. 예를 들면, 봉정사로 들어가는 입구에 '명옥대'라는 정자가 자리하고 있는데, 유서 깊은 사찰 근처의 누각에서 제자들과 강학하거나 시 문화를 여는 장소로 활용한 것이다. 이러한 행태는 유교 누각이 학문적 공간을 넘어서 문인적 감성과 예술적 사유를 담는 문화 공간으로 확대되는 계기를 마련한다.

그러므로 유학자들은 성리학적 이상을 반영하여 정제, 절제로 다소 폐쇄성으로 보이는 공간에 조망성, 정적인 아름다움, 여백의 아름다움을 도입하고 불교의 수행 공간이 유교의 수양 공간으로 전환되어 '정심正心'과 '성찰'의 장소로 누각을 해석하였다. 즉, 불교의 해탈공간이 유교의 윤리적 자기성찰 공간으로 변화되어 유교 누각에 반영하였다.

나아가 유학자들은 유교 누각에 불교 누각의 개방감, 자연 지향 배치, 2층 구조를 건축적으로 수용하여 누각의 기능, 아름다움, 정신성을 확장했다. 이러한 측면은 유학자들이 불교 누각에 깃든 소통 문화를 유교의 공간에 재해석하여 전통 공간으로 계승한 사례이다.

따라서 본 장은 한국 누각에 나타난 공간적 가치인 소통적 건축문화의 지속성이라는 관점에서 불교와 유교의 누각이 문화적 공간으로 계승되어 현재까지 지속되어 온 내용을 정리하고자 한다.

10.❷ 불교 누각의 지속, 화엄과 정토 문화

불교의 누각 문화가 현대까지 지속된 데에는 다양한 이유가 있지만, 그중 화엄사상과 정토사상이 중요한 역할을 해왔다. 두 사상은 누각이라는 건축물이 단순한 조망 공간이나 상징적 구조물에 그치지 않고, 불교적 수행과 불법을 표현하는 공간으로 사용되었다.

화엄사상을 통해 누각이 구현된 내용은 상호연결성의 의미적 부각이다. 화엄사상은 모든 존재가 서로 의존하고 하나로 연결되어 있다는 인드라망(因陀羅網)의 사고관이 중심을 이룬다. 이 사상은 우주 전체가 하나의 불국토라는 인식을 강조하며, 누각은 불국토와 연결되는 상징적 구현물로 기능한다. 즉, 높게 지은 누각은 깨달음의 경지나 불보살이 머무는 경계를 상징한다. 또한, 누각에서 내려다보는 조망은 화엄이 말하는 전체적 조화와 상호 의존성을 직관적으로 느끼게 한다. 즉, 누각은 한눈에 불국토를 경험하는 상징적 문화로 지속되어 왔다.

정토사상을 통해 누각이 구현된 내용은 아미타불의 극락세계에 왕생하는 의미를 담는다. 정토사상은 시·공간을 초월한 이상세계를 지향한다. 누각은 정토를 지상에 구현하는 공간으로 표현하였다. 그러므로 정토사상이 반영된 누각은 극락의 이상적인 경관을 본떠 만들어지며, 그 안에서 바라보는 풍경은 마치 극락을 보는 듯한 체험을 제공한다. 때문에, 누각은 수행, 발원하는 자리로 확장되고 불자들이 소통하는 문화적 장소로 지속되어 왔다. 정토사상에서도 누각은 높게 표현하였는데, 이는 하늘이나 극락세계라는 상징성을 담기 때문이다.

봉정사와 부석사에 나타났듯이, 이 절들은 의상의 화엄사상이 반영되었다. 부석사 창건 시에 의상은 아미타불을 생멸상이 없는 현재불을 반영한 정토사상으로 화엄의 교리를 쉽게 전파하였다. 봉정사와 부석사의 누각은 『화엄경』「입법계품」의 입누각을 구현하였거나, 정토계 사찰의 16관을 「관경변상도」에 있는 누각의 이미지가 건축적으로 구현되었다고 볼 수 있다. 즉, 불교 경전에서는 극락세계의 장엄한 모습을, 현실 세계에서는 자연에 지속되는 누각을 건립하고 그 속에서 자연의 장엄한 풍광을 느끼게 하였다. 봉정사 만세루나 부석사 범종루, 안양루, 취원루 같은 누각은 경전의 내용을 불화로 그린 상상을 현실에 실제로 구현한 불교의 이상이 반영되어 있다.

현실의 불교 누각은 시간을 알리는 기능이 더해졌다. 산사에서는 종루를 통해 조석으로 기도 시간을 알려 하늘, 땅, 물에 사는 모든 생명체에게 해탈의 기회를 주는 소통 공간이 누각인 것이다. 또한, 누각은 아름다운 자연환경에 지속되어 누하진입 시 앞뒤 공간의 전이를 이끌거나 누하부의 폐쇄공간을 거치면서 장면이 변화된다. 즉, 불교 누각은 「입법계품」를 통한 불화나 「관경변상도」에 구현된 누각의 이미지가 실제의 건축물로 구현되면서 과거의 붓다가 설한 영산회상을 하거나 극락의 세계를 회상하는 의미를 지니면서 모든 생명체에게 해탈의 시간으로 소통하고 누하진입으로 공간을 소통하는 건축문화로 지속되어 왔다.

불교 누각이 건축문화 공간으로 지속되는 요인은 단순히 구현된 건축물이 아니라 누구나 깨달아 도를 이루는 불국토의 연결성, 이상을 지향하는 극락 공간의 화엄사상, 정토사상의 의미가 깃들었기 때문이다. 불교 누각은 고대로부터 전해오는 전통적인 자연과 조화를 이루는 형태로 건축되어 오랜 시간에 걸쳐 지금까지 사랑받아 왔다. 현재에 와서도 불교 누각에서 느끼는 공간적 체험은 누각에서 바라보는 시야, 분위기, 자연과의 연속성일 것이다. 이러한 불교 누각이 오늘날에는 문화재로 인정되어 관광 명소의 가치로 재조명되고 있다.

따라서 불교 누각은 경전의 기록을 실제로 구현한 화엄사상이나 정토사상이 깃든 의미와 함께 현대사회에서 요구하는 소통성이 공간사상으로 재정립되어 지속적으로 받아들여져야 할 것이다.

10.❸ 숭유억불 시대, 누각의 소통 문화

조선시대의 사회적 이념인 숭유억불崇儒抑佛 정책으로 인해 봉정사와 부석사 같은 사찰은 존폐의 기로에 서게 된다. 봉정사와 부석사의 승려들은 만세루와 취원루 영역을 유학의 사대부에게 내어주면서 불교의 존립과 승려들의 생존권을 모색하게 되었다. 조선시대의 불교는 어려운 시기였지만, 그 속에서도 불교와 유교가 소통하고 융합되는 지점이 있었고, 누각 건축은 그 과정에서 중요한 매개체가 되었다. 조선은 성리학을 국시로 채택하였으나 불교와 완전한 단절은 아니었다. 현실 속에서 유교와 불교가 문화적으로 소통하고 타협하는 일도 많았다. 그 가운데 누각은 유·불사상 간 경계를 넘나드는 공간으로 사용되었다.

유학자들은 산중 사찰에 출입하면서 누각을 활용하여 정치적, 사회적 시국을 토론하고 시를 읊는 문화도 형성하게 되었다. 이러한 문화는 불교사찰의 누각공간에서 유·불 종교 사상의 이념을 추구하던 두 집단이 토론의 장을 만들기도 하였다.

불교와 유교의 사상적 관점에서 유사점은 자연관이다. 불교 누각은 누각에서 바라보는 시야, 분위기, 자연과의 연속성으로 유학자들이 접근하기 좋은 장소였다. 불교 누각은 유학자들에게 자연 속 성찰 공간으로 인기가 있었다. 유교 역시 자연 속에서 자기 수양과 경전의 정신을 중시했기 때문에, 자연을 조망할 수 있는 누각은 유교적 인식에도 어울렸다. 그러므로 숭유억불 정책을 진행하는 시기에 일부 누각은 유교적 정자와 유사한 형태로 발전하면서, 유불공용儒佛共用의 공간으로 활용되었다. 즉, 승려뿐 아니라 유학자들도 자연을 벗삼아 시를 짓고 수행하는 장소로 사용하였다.

그러므로 불교 누각은 불교의 공간에서 유교적 실천 가능성을 열어놓았다. 그것은 누각이 자연에 열려있는 공간이었기 때문이다. 나아가 불교 사찰의 누각은 외부 인사(유생, 지식인 등)와의 교류가 가능한 구조로 정리되어 갔다. 특히, 유교 문인들이 시문詩文을 나누는 교류 공간으로 활용되었다. 이를 통해 불교와 유교가 문화적으로 소통할 수 있는 장이 마련된다. 이러한 공간은 조선 초기의 향교나 초기 서원 공간과 비교되면서 공간의 가치를 재발견하게 된다. 유교적 공간에 비교해 불교 누각은 보다 개방적이고 자연에 지속되는 아름다움을 인식할 수 있었다. 때문에, 유학자들은 누각이 자연에 지속되는 아름다움을 담음으로 정신적 휴식처로서 가치를 인정하게 된다.

필자는 이 책에서 봉정사와 부석사에 한정해 정리하였지만, 유학자들에 의해 점령한 불교사찰은 곳곳에 많은 흔적이 스며있다. 봉정사만 해도 만세루萬歲樓가 아닌 덕휘루德輝樓로 개명된 이유는 안동의 유향儒鄕으로 해석될 자료에서 살펴볼 수 있다.[83] 또한, 조선시대 때 유학자들이 점유했던 부석사 서쪽에 있었던 취원루聚遠樓는 동남쪽에 옮겨(1916)지면서 취현암醉玄菴이라는 새로운 이름으로 유향의 흔적이 지우기도 했다. 그러므로 조선시대의 불교 사찰에는 유생들의 출입으

---

[83] 덕휘루에 관한 기록은 이동표의 「남덕루기」, 정필담의 「팔송집」 「덕휘루기」, 이종휴의 「하암집」 「천등산 봉정사덕휘루중수기」에서 언급되고 있다(문정필, 2024: 185).

로 누각이 점유되어 유교 문학이 표현되는 장소로 활용되어진 공간의 변화를 엿볼 수 있다.

따라서 조선시대 숭유억불 정책 아래에서도, 누각의 역할은 불교와 유교가 단절되지 않고 자연과의 조화, 건축공간, 시 문화 등으로 소통할 수 있는 문화적 매개체였다. 누각은 사찰을 넘어선 공적 공간 즉, 유학자들도 감정과 사유를 펼칠 수 있는 장이 되었으며, 이는 결국 유불 융합의 물리적, 정신적 문화 공간으로 지속되어 거듭나게 되었다.

10.❹ 유교 누각, 수양과 사회적 소통 문화

조선 중기 이후에는 불교 건축, 특히 누각의 전통이 서원 건축에도 은근히 영향을 주었다. 유교가 국가 이념이었지만, 문화적으로는 불교의 공간 구조와 심미관을 받아들이는 융합적 흐름이 있었다.

조선 중기 이후 서원의 입지는 산자락이나 계곡 근처에 세워지는 경우가 많아지며, 자연을 통한 수양 공간으로의 기능도 강화했다. 이러한 입지 선택은 단순히 풍수지리설뿐만 아니라, 산중 사찰의 공간적 아름다움에서 영향을 받은 것이다. 또한, 서원은 강당이나 누각 건물에서 자연을 내려다보는 구조가 흔해진다. 특히, 강학과 시회를 위한 누정 공간은 자연과의 교감을 전제로 설계되었다.

서원의 누각은 단지 경치를 보기 위한 장소가 아니라, 때로는 소규모 강론이나 토론이 이뤄지는 강학 공간으로 사용되기도 했다. 이는 불교 누각의 불경 강설, 염불, 수행 공간이었던 점과 유사하다. 유학자들이 불교 누각을 점유해 시문 교류의 장소로 활용했듯이, 서원에 들어선 누각은 본격적으로 유학자들이 시를 짓고 교류하는 문화 공간으로 발전된다. 현존하는 서원 누각에는 현판 시, 기문記文, 시판詩板 등이 남아 있어, 누각이 단순 건축물 이상의 문화적 역할을 했음을 보여준다. 그러므로 서원의 누각은 단순히 학문과 교육의 기능을 넘어서, 자연과의 교감 속에서 심신을 정화하는 공간으로 기능해 오늘날까지 지속되어 왔다. 이는 불교 누각의 소통과 수행의 전통이 유교의 수양 문화로 계승·발전된 것이다.

조선 중기 이후부터 세워지는 서원 건축에는 불교 누각의 영향을 받은 2층 누각이 세워진다. 유학자들은 불교 누각의 기능을 도입하였지만, 소옹의 역학을 공중누각에 비유하며 문학적 소통성을 기본적으로 반영하여 누정문화가 활발해지는 계기가 된다. 서원의 누각은 불교의 이상적 이념을 표현하는 것과는 달리, 내·외부의 가변적 경계를 이루게 하였다. 술, 여자, 남사당과 같은 광대들은 서원에 들어올 수 없지만 특정한 시기나 행사 시, 누각 근처는 술과 가무가 허용되는 특별구역이 된다. 광대들은 누각 밖에서 공연을 하고 누각 안에는 서원의 유생들과 함께 지역의 원로들을 초청하여 연회와 공연을 관람하게 된다. 즉, 유교 사회에서 서원의 누각은 특정 시기에 양반과 평민이 현실적인 소통을 하며 실제적 가치를 부여하는 것이다. 연회가 끝난 후 일상으로 돌아온 서원의 누각은 소옹의 학문에 빗댄 공중누각과 같이 허황됨이 없고 학문이 통달하여 멀리 볼 수 있는 식견과 지식을 추구하는 의미적 공간으로 자리매김한다.

따라서 조선 초기의 유교 누각은 성리학의 틀에 맞물려 절제된 공간이었으나, 조선 중기 이후에 불교 누각의 영향을 받은 서원의 누각은 시회, 강학, 수양 공간을 넘어 사회적 소통 문화 공간으로 발전되어 지속되어 왔다.

10.❺ 누각 건축문화의 계승, 소통성과 변화

불교 누각과 유교 누각의 공통적 이념은 불교의 자연관과 유교의 자연관이 크게 다르지 않아, 근본적으로 자연과 연속성을 이루고 자연경관을 누각에서 조절하여 차경과 중정 마당을 구성하는데 있다. 또한, 누하진입과 누마루의 개념은 현대에 와서도 전통적인 소통의 건축문화 요소로 계승되었다고 볼 수 있다.

이상으로 누각 건축의 해석을 통하여 소통성으로 본 누각의 문화적 변화를 불교와 유교의 건축을 대상으로 종합하였다. 그 변천 과정을 통해 현대의 건축학적 문화사상으로 계승하고자 하는 내용은 다음과 같다.

첫째, 우리나라 초기의 불교 누각 건축은 시간을 알렸고, 산사에서는 종루를 통해 조석으로 기도 시간을 알리는 소통 공간이었다. 또한, 아름다운 자연환경에 지속되어 누하진입 시 앞뒤의 공간 변화를 이끌게 하거나 누마루에서 사람과 자연이 소통을 이루었다.

둘째, 조선시대의 누각은 숭유억불 정책에서도 유·불 소통을 이루는 장소였다. 누각은 사찰을 넘어선 공적 공간 즉, 유학자들도 감정과 사유를 펼칠 수 있는 장이 되었으며, 물리적 공간인 누각에서 유·불 사상이 사회·문화적 소통을 이루는 장소로 거듭났다.

셋째, 유교 누각은 불교 누각 건축의 영향을 받아 조선 중기부터 서원건축 배치에 적용되었다. 누각은 서원의 내·외부공간의 경계에 위치하여 누하진입과 누마루의 기능을 계승하면서 주변의 마을 사람들과 사회적으로 소통하는 장소로 사용되었다.

넷째, 불교와 유교 누각의 공통적 건축개념은 서로 다른 공간의 경계에 위치해 벽이 없는 기둥만으로 시선을 투과함으로 경계를 흐려 앞뒤 공간의 전이를 이루게 한다. 또한 상부의 누마루는 주변의 경관을 즐기면서 자연과 사람들이 소통을 이루는 공간이었다.

이같이 누각은 초기에 시간을 알리는 기능적 장소로 사용되었고, 불교에서는 경전의 내용을 구현하였으며, 유교에서는 서원의 경계와 함께 주변과의 소통을 이루는 기능으로 변화되어 왔다.

사회적으로 본 누각의 소통적 변화는 불교의 누각이 조선시대 유학이 득세하면서 생존을 위해 누각 영역을 내주어 사회·문화적으로 소통하는 결과를 낳게 하였다. 근대에 들어와서, 한때 유교가 점유했던 흔적을 없애기 위해 봉정사에서는 우화루와 진여문이 철거되고 부석사에서는 취원루가 철거되기도 했다.

이와 같은 변화로 볼 때 누각은 고유의 전통적 건축 기능인 누하진입과 누마루에 부여되는 소통성을 되살려 현대의 건축사상으로 승화시켜야 할 것이다. 또한, 벽이 없는 모든 누각의 지붕은 새가 날개를 펼치고 나는 듯 역동성을 가진 아름다움을 지닌다. 부석사의 누각과 같이 다른 전각의 지붕들과 어울려 날개짓하여 비상하는 듯한 화엄의 날개로 의미화 할 수 있는 형태와 공간은 현대건축에서 건축학의 사상적 가치로 계승할 요소인 것이다.

한편, 현대건축에서 필로티 건축물을 전통 누각 건축에서 진화되었다고 하는 것은 비약적 해석일 것이다. 필로티의 상부층이 개인적이고 폐쇄된 벽이나 창으로 닫힌 공간은 누각 같이 개방되고 유연화·공유화된 공간과는 거리가 있기 때문이다. 필로티를 통해 상부층으로 진입하거나 주차장으로 사용하는 행위는 누각의 기능인 누하진입과 유사할 수 있다. 그러나 누각이 수직적 공간감도 가지고 있으나 건축물 앞의 공간과 뒤의 공간 경계에 위치하여 수평적 공간의 전이성이나 자연과 사람, 사람과 사람의 소통을 이루는 공간의 연속 개념을 분명하게 전달한다. 이러한 전통적인 유·불 누각건축의 개념이 사상적으로 계승되어야 할 내용이다.

따라서 누각은 현대사회에서 요구되는 소통성이 반영되어야 하며, 건축이 앞과 뒤 공간적 경계의 매개체로서 전이성이나 연속성으로 소통되는 공유의 가치를 부각함으로써 누마루에서 생성되는 전통성을 계승할 공간의 특성으로 드러낼 수 있을 것이다.

11. 지속 가능한 부석사

부석사 DNA
범성계의 구현, 오름으로 화엄의 시·공간을 탐색하다.

 지금까지의 내용에서, 본 장은 지속 가능한 부석사에 대한 여러 요소를 추출하여 논의하고자 한다. 그것은 한국적 화엄으로 작용하는 「화엄일승법계도」, 아름다움을 표현한 화엄의 공간, 화엄사상과 풍수지리설의 공통적 가치, 전통사상을 계승한 탑과 누각, 백성들과 함께하는 명당공간이라는 구성요소로 구분하여 논의하고자 한다.

11.❶ 한국적 화엄, 「화엄일승법계도」

화엄이란, 갖가지 꽃과 광명으로 영원한 생명이 있는 부처의 장엄한 세계를 말한다. 『화엄경』은 부처가 성취한 깨달음의 세계와 그곳으로 나아갈 수 있는 수행 방법에 관한 내용이 총체적으로 담겨 있는 불교 경전이다. 그 중심에는 법신불法身佛의 교훈, 보살菩薩의 수행, 유심唯心사상, 연기법緣起法이 구성을 이루고 있다.

우리는 다른 것들과 연기되어 잠시 살다가 원래의 자리로 돌아간다. 그 모든 것들이 서로를 있게 하고 서로가 서로에게 생명을 주며 서로가 서로에게 광명을 발하고 있다. 이것이 우주의 법칙이고 생명의 법칙이다. 이 법칙은 화엄의 지혜, 윤리이다.

「법계도」는 '갖가지 꽃(다양한 개체)으로 구성된 일승과 진리의 장엄한 세계의 모습'이라는 화엄의 의미를 담고 있는 의상의 불교사상이다. 「법계도」는 「법계도인」이라는 도인圖印형식이며, 그 형태는 흰 종이 위에 붉은 도인의 길(줄)과 검은 글자를 써서 삼종세간의 의미를 나타내었다. 「법계도인」은 사각형을 이루고 있고 중심의 '법法' 자로 시작하여 다시 중심으로 돌아오는 '불佛' 자에 이르기까지 54개의 각을 이루면서 210자의 게송(법성게)이 한 줄로 연결되어 있다. 의상은 이 「법계도」를 그 제자들에게 인가의 표시로 주기를 좋아하였다고 한다. 이러한 도인圖印은 그 자체가 극히 독창적이요 한국적인 사고방식의 특성을 보여준다고 할 수 있는데, 이는 상징을 통하여 깊은 뜻을 간추리고 짧게 표현하기를 좋아하는 전통의 유전자이다. 「법계도」는 『화엄경』이 근본정신이며, 그 이상의 다른 것이 없다. 의상이 그 방대한 『화엄경』의 핵심을 이렇게 간결하게 요약할 수 있었으므로 그를 위대한 해동화엄초조라 칭했을 것이다.

앞에서 말했듯이 부석사는 화엄종 사찰에서 영역적으로 구분되는 과거불과 현세불 영역을 구분하기 어렵다. 이 때문에 3·4부 즉, 5·6·7·8장에서는 부석사에 감춰진 시간성을 「법계도」와 전통사상으로 해석하였다. 부석사에 과거불과 현세불을 의미로 감춘 것은 의상의 건축술이다. 현재의 정보화 사회에서는 건축에 감춰진 정보를 관찰자가 참여하여 밝혀내기도 한다. 이러한 정보를 쿨미디어라 한다.

마샬 맥루한Marshall McLuhan은 정밀성이 높고 참여성이 낮은 미디어를 '핫 미디어', 정밀성이 낮고 참여성이 높은 미디어를 '쿨 미디어'로 분류했다. 맥루한에 따르면 핫 미디어는 사용자를 배제하고 쿨 미디어는 사용자를 포함한다. 부석사는 관찰자의 오름 참여로 부석사에 감춰진 과거불과 현세불의 정보를 찾는 것에 동참하므로 쿨 미디어다. 즉, 부석사를 오르면서 「법계도」에 구성된 '법성게'를 독송하면 비로소 화엄 정신과 시간성을 이해할 수 있다. 부석사의 오르면서 「법계도」에 구성된 법성게를 독송하면 쿨 미디어가 핫 미디어로 변해 시간 정보가 노출되는 것이다.

부석사는 목조와 기와로 건립된 보편적인 전통건축으로 볼 수 있으나 「법계도」가 건축적 개념으로 작동하고 있기 때문에 탁월한 것이다. 이러함으로 부석사는 유네스코 문화유산이 추구하는 탁월한 보편적 가치를 충족하고 있다.

따라서 통일신라시대에 의상은 중국의 화엄을 우리의 것으로 축약한「법계도」즉, 한국적 화엄을 우리의 토양에 심기 위해 부석사 창건의 건축적 개념으로 활용하였다. 이러한 개념은 부석사에 한국적 화엄이 전통사상으로 작동하는「법계도」를 통해 현대 정보화 사회에서도 지속 가능한 가르침으로의 영속성을 가진다.

11.❷ 아름다움을 표현한 화엄의 공간

부석사의 건축적 개념으로 작용한「법계도」는 화엄사상의 핵심을 이루는 상호연결·침투성, 연기, 자비, 지혜의 가르침이 축약되어 있다. 이러한 가르침은 다양한 개체로 구성된 일승과 진리 즉 갖가지 꽃으로 장엄한 조화를 이루는 세계의 모습이다.「법계도」의 상호연결·침투성, 연기, 자비, 지혜를 해석하면 다음과 같다.

「법계도」1-6구절은 법성게의 서설이다. 의상은 이 구절을 통해서 화엄의 핵심인 상호연결·침투성, 연기, 자비, 지혜로움을 전개했다.

「법계도」7-14구절에서는 우주와 자연의 모든 대상이 '상호연결·침투'하고 있다는 것이다. 상호연결·침투적 세계관은 모든 현상의 상호의존성에 대한 이해로 확장되며, 지속가능성 옹호자들이 장려하는 생태학적, 체계적 사고와 일치한다.『화엄경』에서는 모든 존재가 부처의 본성을 지니고 있으며, 모든 존재는 부처와 일체로 연결되어 있다고 했다. 상호연결성은 세상의 모든 것이 상의상관적으로 의존해 있다는 연기법적 사고와 관계를 이룬다.

〈표 5.1〉 법성게에 구성된 화엄사상의 핵심

법성게		화엄사상의 핵심
법성원융무이상法性圓融無二相 제법부동본래적諸法不動本來寂 무명무상절일체無名無相絶一切 증지소지비여경證智所知非餘境 진성심심극미묘眞性甚深極微妙 불수자성수연성不守自性隨緣成	오묘하고 원만한 법 둘이 없나니 본바탕 고요하고 산 같은 진리 이름과 모양다리 모다 없나니 아름아리 누가 있어 증명할거나 깊고도 미묘한 진리의 성품 내 성품 못 벗으면 인연 따라 이루네	화엄사상의 전개
일중일체다중일一中一切多中一 일즉일체다즉일一卽一切多卽一 일미진중함시방一微塵中含十方 일체진중역여시一切塵中亦如是 무량원겁즉일념無量遠劫卽一念 일념즉시무량겁一念卽是無量劫 구세십세호상즉九世十世互相卽 잉불잡란격별성仍不雜亂隔別成	하나에 모다있고 모두에 하나 있고 하나 곧 모다이고 모다 곧 하나이니 한 티끌 작은 속에 세계를 머금었고 낱낱의 티끌마다 세계가 다 들었네 한없는 긴 시간이 한 생각 찰나이고 찰나의 한 생각이 무량한 긴 겁이니 가없고 넓은 세계 엉킨 듯 한덩이요 그러나 따로따로 뚜렷한 만상일세	상호연결·침투
초발심시변정각初發心時便正覺 생사열반상공화生死涅槃常共和 이사명연무분별理事冥然無分別 십불보현대인경十佛普賢大人境	처음 발심한 그 마음이 부처를 이룬 때고 생사와 열반의 본바탕이 한 경계니 있는 듯 이사 분별 흔연히 없는 그곳 시방 제불나투신 부사의 경계로세	연기
능입해인삼매중能入海印三昧中 번출여의부사의繁出如意不思議 우보익생만허공雨寶益生滿虛空 중생수기득이익衆生隨器得利益	부처님 해인삼매 그곳에 나툼이여 쏟아 놓은 부처님 뜻 그 속에 부사의여 이로운 법의 비는 허공에 가득하여 제 나름의 중생들도 온갖 원 얻게하네	자비
시고행자환본제是故行者還本際 파식망상필부득叵息妄想必不得 무연선교착여의無緣善巧捉如意 귀가수분득자량歸家隨分得資糧 이다라니무진보以陀羅尼無盡寶 장엄법계실보전莊嚴法界實寶殿 궁좌실제중도상窮坐實際中道床 구래부동명위불舊來不動名爲佛	행자가 고향으로 깨달아 돌아가면 망상을 안쉴려도 안쉴길 바이없네 무연의 방편으로 여의보 찾았으니 자기의 생각대로 재산이 풍족하네 다라니 무진보배 끝없이 써서 불국토 법 왕궁을 여실히 꾸미고서 중도의 해탈 좌에 그윽히 앉았으니 옛 부터 동함 없는 그 이름 부처일세	지혜

부석사 DNA
법성게의 키 워드를 곰곰이 살펴보시면 공간을 품고 있다.

「법계도」 15-18구절에서는 화엄의 연기(Pratītyasamutpāda)법적 사고가 그 중심에 있다. 연기법에는 초기불교에서 대승불교에 이르는 불교의 총체적인 사상이 모두 포함되어 있다. 연이 되어 결과를 일으키는 인연생기因緣生起는 인因(직접적 원인)과 연緣(간접적 원인)에 의지하여 생겨난다는 것이다. 연기법은 불교에서 주장(고타마 붓다가 설한)하는 인과법이다.

「법계도」 19-22구절에서, 화엄은 자비심과 윤리적 행동의 함양을 강조한다. 존재의 행복을 증진하는 윤리적 기반은 환경 윤리를 포함하여 확장될 수 있으며, 지구와 미래 세대의 복지를 보장하기 위해 자원의 책임감 있고 지속 가능한 사용을 강조한다.

「법계도」 23-30구절에서는 지혜를 추구한다. 화엄에서 말하는 지혜는 구별을 넘어서는 것이며 현실의 진정한 본질을 보는 것이다. 그 관점은 존재의 모든 측면을 본질적인 가치로 인식하고 환경에 대한 책임감과 관심을 키우는 것이다. 그러므로 우리는 수행으로 인간이 세계의 본질에서 벗어날 수 없다는 이해력과 지혜를 개발해야 하는 것이다.

이상으로 「법계도」의 상호연결·침투성, 연기, 자비, 지혜를 해석해 간략히 정리하면 〈표 5.1〉과 같다.

따라서 부석사의 순례는 「법계도」가 지향하는 상호연결·침투성, 연기, 자비, 지혜를 추구하는 아름다운 사상을 받아들이는 것이다. 이러한 사상은 현대인들도 깨달아야 할 우주와 자연의 원리, 소통, 측은지심, 수행을 위해 긍정적 사고를 유발하는 공간을 창조하는 개념으로 현대적 아름다움으로 추구하여야 할 사상적 가치이다.

11.❸ 화엄사상과 풍수지리설의 공통적 가치

화엄사상이나 풍수지리설의 공통점은 우주와 자연의 질서와 조화를 이루어 낸다는 전통사상이다. 조화調和(harmony)는 두 개 이상의 여러 요소가 잘 어울려 나타나는 아름다움이다.

화엄사상은 우주 만물의 상호연결·침투성으로 우주 질서에 기여하고 아름답게 조화한다. 풍수지리설은 자연환경이 발산하는 에너지의 흐름인 기를 통해 건축공간과 인간이 상호 연결되어 영향을 주고받는다는 전통사상이다.

화엄사상은 상호연결·침투성, 연기, 자비, 지혜를 현실에 설명하기 위해 그물과 같이 짜여진 우주와 자연의 구조를 이해하여 깨달음에 이르게 하는 가르침이며, 풍수지리설은 자연환경에서 발산하는 기와 조화를 이루어 건강, 명예, 부를 증진할 수 있는 공간의 실제를 계획하고 구축한다.

그러므로 화엄사상과 풍수지리의 공통점은 본질이 자연과 우주에 지속되는 원리가 아름답게 조화를 이루는 통찰력으로 펼쳐지는 것이다. 즉, 화엄사상과 풍수지리를 적용한 실제적 결과는 자연에 지속되는 다양한 아름다움인 것이다. 화엄의 뜻도 우주와 자연의 섭리를 아름다움으로 표현한 것이다. 불교 풍수로 해석할 수 있는『돈황변문』「항마변문」에서의 공간은 붓다가 머물며 천하를 설하기에 적합한 곳으로 아름다움을 추구하고 있다. 풍수지리에 의한 명당의 관점에서 봉황산이 동심원으로 둘러싼 중앙 능선의 길지에 절의 핵심 공간인 무량수전이 위치하게 했다. 의상은 군봉들이 펼쳐진 풍광의 장엄함으로 극락의 세계관을 아름다운 건축공간으로 전하고자 했다.

이러한 명당에 들어선 무량수전은 극락세계와 현실세계를 연결하는 건축적 공간이다. 부석사는 현존하는 우리나라의 전통 건축물로서 가장 아름답다고 한다. 그 예로서, 유홍준이 저술한 『나의 문화유산답사기2』, 최순우가 저술한 『무량수전 배흘림기둥에 기대서서』에서 아름다움을 극찬하였다. 이러한 아름다움의 근본은 화엄사상과 풍수지리가 추구하는 아름다움을 건축에 구현한 실제이기 때문이다.

따라서 화엄사상과 풍수지리가 실제로 표현된 것은 건축공간이다. 현대의 건축미美는 권태문이 저술한 『건축미학을 찾아서』에서, 서양은 형식설, 표현설, 심리설, 합목적설이라는 미 이론을 체계화했다. 이와는 근본성이 다른 전통건축은 '예악禮樂'의 아름다움을 추구한다. 그 접근 체계는 화엄사상과 풍수지리설에서 추구하는 아름다움을 '미美'와 '예악禮樂'으로 비교하거나 통합된 사상적 접근으로 지속해야 할 것이다.

11.❹ 전통사상을 계승한 탑과 누각

부석사 순례는 탑을 지나고 누각을 통하여 무량수전에 오른다. 건축재료의 특성상, 탑은 내구성이 강한 석재로 구축되어 오랜 세월의 풍화작용에도 잘 견뎌 그 형태를 유지해 왔으나, 누각은 내구성이 약한 목재로 건립되어 수 차례 중건을 거듭하여 공간성이 유지·계승하고 있다. 그러므로 본 절에서는 탑과 누각의 상징성을 드러내어 가치를 확인하고자 한다.

　부석사의 석탑은 무량수전 우측상단에 위치한 3층석탑과 범종루 아래에 3층쌍탑(1966년에 부근의 북지리 동방사지에서 옮겨 옴)이 있다. 석탑은 단순한 유물이 아니라, 과거의 문화와 역사를 해석하는 중요한 단서이며 통일신라시대에 만들어진 물질적 연속성과 변치 않는 역사적 가치를 상징하는 문화유산이다. 백제탑과 신라탑의 양식이 다르듯, 부석사 석탑은 신라의 신비로운 건축술로 빗어져 있다. 탑의 기원은 석가모니가 열반에 든 후 그 사리를 보관하던 무덤인데, 이후 석가모니의 사리가 여러 지방으로 옮겨지면서 여러 형태의 탑이 만들어졌다. 이들은 대부분 네모난 기단을 다지고 그 위 봉분에 해당하는 둥근 구조물을 얹고 다시 그 위에 우산 모양의 상륜부를 얹은 당시 인도의 무덤 형태를 따랐다. 뒤에 중국을 거쳐 우리에게 전해지면서 둥근 구조물과 상륜부는 축소되어 탑의 지붕 위에 장식처럼 얹히게 되었다.

　부석사의 석탑들은 신라시대 양식으로 부처를 상징한다. 그러므로 불교 경전에 "불탑을 대할 때는 곧 여래를 보는 것과 같이하라!"라는 가르침이 있다. 때문에, 불자들은 조성된 불탑에 지극한 불심의 표현으로 무한하고도 다양한 예경을 다해왔다. 그중에서 부처를 친견하는 공경의 방법으로 '탑돌이'라는 전통적 문화가 나타났다.

　그러므로 석탑은 고대의 정취와 부처를 가리키는 상징성, 탑돌이의 문화로 승화된 문화·역사적 시·공간 가치를 지닌다.

부석사의 누각은 현재 범종루와 안양루가 있으며, 예전에는 취원루도 있었다. 범종각은 현재에 와서도 조·석례종송을 울려 인간을 포함한 모든 생명체에게 시간을 알리고 있다.

불교의 누각은 『화엄경』 「입법계품」에서 선재동자의 '입누각入樓閣'의 이야기를 통해 출현된다. 내용의 요지는 구도자가 누각에 들어가려면 선재동자와 같이 경지에 오른 수행과 미륵보살의 가피력을 입어 누각에 들어가면 펼쳐지는 풍경의 이야기이다. 또한, 『관무량수경』의 16관을 「관경변상도」에 구현된 누각의 이미지도 떠올릴 수 있다. 그러므로 안양루와 지금은 없어진 취원루는 『화엄경』 「입법계품」의 '입누각'이나 『관무량수경』 「관경변상도」를 구현한 것이라 볼 수 있다. 부석사의 누각은 목조라는 내구성의 한계로 재건되면서 그 공간이 지닌 특성을 유지해 왔다. 이러한 누각은 역사, 지리, 환경적 특색에 따라 사람들의 휴식 공간으로 사용되어 왔다.

현재의 누각은 자연경관을 조망으로 끌어들여 풍류를 즐기기 위해 세워졌다. 누각은 자연과 인간을 연속하는 매개체가 되면서, 대중들에게 시간이나 신호의 정보전달을 하였고, 열려있는 건축적 개방감으로 소통을 이룬다. 이러한 누각의 소통성은 부석사 같은 불교사찰에서는 누하진입을 위해 앞뒤 공간의 경계에 위치하여 전이성을 이루며, 누마루에서는 자연과 인간, 인간과 인간이 소통하는 장이 된다. 그러므로 전통 누각은 여러 차례 재건되었음에도 본래의 공간감을 유지하며, 현대에서도 그 가치를 계승하고 있다.

따라서 부석사의 탑과 누각에서 석탑은 고대로의 역사와 부처를 가리키는 상징성, 탑돌이의 문화로 승화된 문화·역사적 시·공간 가치를 가진다. 또한, 누각은 역동적으로 비상하는 과거의 공간 가치를 현대에 적용하고 발전시키는 시·공간적 개념으로 작용해 현재까지 지속되어 왔다. 나아가 현대건축에는 탑과 누각이 가지는 고유의 공간성을 현대의 사상적 가치로 승화시켜 계승하여야 할 것이다.

11.❺ 백성들과 함께하는 명당공간

부석사는 아름다운 풍광과 함께하며 무량수전은 명당에 안착하여 있다. 무량수전은 자생적 풍수지리 사상과 불교 풍수가 결합된 배치를 이룸으로 고대에 사찰의 터를 선정하는 지리적 의도와 불 교리가 자리를 잡으면서 그 시대 사회와 소통을 이룬 흔적이 있다. 특히, 무량수전은 극락의 불국토를 배경으로 하는 이상을 상징하면서, 현실세계의 무량수전은 정토를 상징하는 화엄종의 지향점과 풍수지리설로 자리잡은 혈처가 결합해 있다.

풍수지리설은 하늘과 땅의 자연현상을 연구하여 인간 생활의 안녕과 행복을 추구하는데 이바지하는 학문적 사상이다. 천·지·인을 기본 바탕으로 하는 자연의 현상을 효율적으로 잘 이용함으로써 먼저 나와 가족의 안녕을 찾고 나아가 사후세계의 평안과 그 발복으로 인한 자손만대의 영광을 누리고자 하는 것이다. 또한 자연과 우주 속의 신비스러운 현상들을 연구하는 학문으로 사회과학 영역이다.

풍수지리설은 첫째, 죽은 자의 무덤에 관한 음택陰宅, 둘째, 산 사람들이 거주하는 양택陽宅, 셋째, 인간이 생활하면서 가택 내부에 좋은 기운이 흐를 수 있도록 조정해 주는 실내 풍수, 넷째, 왕조나 국가의 수도를 정하는 국도 풍수 등이 전해온다. 이렇듯 인간 생활과 밀접한 관계가 있는 풍수는 우리나라 역사 속에서 전해져 내려온 조상의 지혜가 담긴 학문적 전통사상이다.

부석사의 입지는 풍수의 관점에서 전체적으로 길吉한 조건을 갖추고 있었고, 특히, 기도 도량에 적합한 입지적 특성을 보여준다. 부석사는 신라 문무왕의 명을 받아 의상이 기존 토착 신앙 터에 가람을 배치했다. 본래 선묘정善妙井, 부석浮石, 석룡石龍이라는 세 가지 기이함이 전해져 왔다. 선묘정은 고대로부터 기우제祈雨祭를 지내던 곳으로 신성시되었다는 점. 의상이 부석사 터에 당도하자 이미 전통신앙을 따르던 무리가 있어 부석으로 이들을 몰아내고 창건했다는 점, 고대인들이 현재 무량수전의 아미타불 밑에 머리를 두고 있는 석룡을 신성하게 여겨졌다는 점 등은 전통적 민간신앙과 깊이 관계되고 있다. 이러한 세 공간은 고대 사회인들에게 신령스러운 곳으로 여겨졌을 것이다. 특히 석룡의 혈자리에는 무량수전이 자리잡고, 전각 안의 아미타불상 밑에 석룡의 머리를 두고 있으며, 전각 옆에는 용 설화를 뒷받침하는 부석浮石이 자리했다고 전해온다.

무량수전은 부석사에서 가장 영험한 혈처에 자리잡은 가장 아름다운 건축물이다. 문무왕과 의상은 이곳에 삼국의 백성들을 머물게 하여 수행하는 공간으로 내주었다. 즉, 명당의 공간을 권력자가 독점하지 않고, 백성들이 마음만 먹으면 누구나 무량수전에 들어와 깨달음을 얻는 공간으로 내주었다.

　따라서 부석사는 무량수전을 명당에 안착하여 사람들이 기도하고 회향하고 깨달아 자연과의 교감과 사람들 간의 교감으로 마음이 편안하고 힐링하는 나눔 공간으로 현재까지 지속되고 있다. 즉, 불교 전각은 절터에서 가장 좋은 명당에 자리잡아 대중들과 공간을 공유하는 나눔의 미덕이 생성되는 지속성을 가진다.

VI

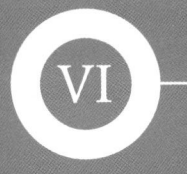

부석사 DNA와 미래가치

부석사DNA의 도출과 미래가치로
결론에 이르고자 한다.

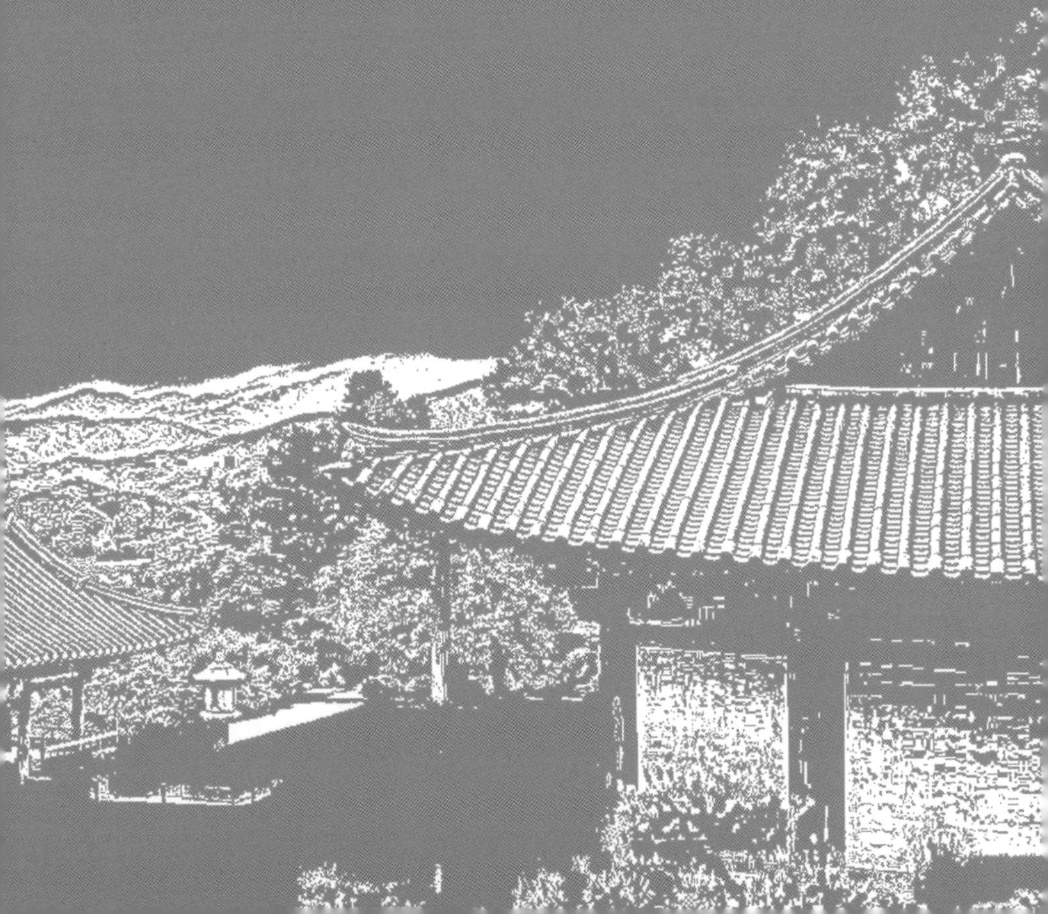

12. 부석사 DNA

부석사 DNA
범성계의 구현, 오름으로 화엄의 시·공간을 탐색하다.

 본 장은 부석사 DNA를 정의하기 위한 역사와 전통의 존속, 시간의 흐름으로 본 부석사로 정립하였다.

12.❶ 부석사 DNA, 전통의 존속

지금까지 영주 부석사에 관한 입지, 창건부터 현재까지의 역사, 의상의 화엄사상과 「화엄일승법계도」, 가람배치와 전통사상, 건축술에 대해 알아보았다. 이 책에 나타난 부석사의 DNA적 요소는 다음과 같다.

영주에 있는 부석사는 통일신라 문무왕 16년(676년)에 의상의 화엄사상으로 창건한 사찰이다. 의상의 화엄사상은 그가 지은 「화엄일승법계도」에 구성된 내용인 '법성게'에 함축되어 있다. 「법계도」는 화엄의 핵심이 되는 내용으로 모든 대상이 상호연결·침투, 연기, 자비, 지혜로움을 게송으로 표현해, 부석사를 건립하는데 건축적 개념이 되었다.

의상을 해동화엄초조라 함은 중국의 화엄을 우리 토양에 알맞게 「법계도」를 짓고 소개해 한국 화엄의 전통성을 부각하였기 때문이다. 즉, 부석사는 한국적 화엄사상을 건축개념으로 창건한 사찰이다. 의상은 법계도에 함축된 상호연결·침투, 연기, 자비, 지혜로움을 화엄학의 실천으로 전파했으므로 사람들은 부석사를 해동화엄종찰이라 했다.

부석사는 태백산 주변의 비로봉(과거불의 상징), 연화봉(현세불의 상징)에 연속되는 미래불을 무량수전에 안착하고 불자들로 하여금 연봉의 장관을 바라보게 하여 극락세계가 연속된 현재 즉, 화엄일승을 표현했다. 또한, 부석사는 화엄종 사찰이므로 『화엄경』 그 자체가 과거불인 비로자나불을 상징하고 불성을 가진 사람들이 수행하는 현재 즉, 현세불을 상징하며, 미래불이 있는 무량수전의 영역은 지금의 현재와 관입하는 시간성을 가진다. 의상은 근기가 낮은 미혹한 중생을 위해 현세불로 중생 구제를 서원한 아미타불에 실제적으로 귀의하도록 하였기 때문에 무량수전 영역을 특히 강조했다.

그러므로 무량수전은 부석사의 중심 건물이 된다. 이 건물은 고려시대 건축의 정수를 보여준다. 건축 양식은 배흘림기둥, 주심포 양식으로 지어졌으며, 안쏠림과 귀솟음으로 후림과 조로가 분명해 날렵한 귀추녀의 역동성을 보여준다. 이러한 역동성을 근경으로 전각 앞마당에서는 산맥 능선들이 시야에 담긴다.

부석사의 위치와 무량수전의 배치에는 창건설화와 관련된 용신신앙, 불교신앙에서 용의 의미, 자생적 풍수지리사상, 불교풍수, 장엄한 극락정토의 이상, 민간신앙 등이 통일신라 문무왕 시대가 요구하는 사회적 이념으로 드러난다. 이것들은 부석사의 하위체계를 이루고 무량수전에 구성되어 아름다움의 DNA로 인식되는 것이다. 여기에는 사찰 전체가 봉황산을 중심으로 한 주변 산수의 경관과 조화롭게 어우러지도록 배치되어 있어 자연에 사찰이 연속된 아름다움을 보여준다.

그럼에도 우리는 화엄종을 추구한 무량수전의 공간적 의미를 좀 더 이해할 필요가 있다. 통일전쟁이 끝난 후, 문무왕과 의상은 세상에서 가장 아름다운 명당에 크고 작은 자연석을 자연스럽게 맞추어 석축을 쌓고 그 당시 가장 아름다운 건축물인 무량수전을 건립해 삼국의 백성들에게 기도처로 내어주어 민심을 달랬다. 이는 풍수지리설에서 말하는 명당을 최상의 권력자가 아닌 일반 백성들과 공간을 공유해 소통성을 확립한 예악禮樂의 아름다움이 머무는 정치·종교·사회상의 DNA가 존재했다고 볼 수 있다.

따라서 부석사는 유네스코 문화유산에 선정되어 문화유산으로서 역사적, 예술적, 건축학적 가치를 지니고 있다. 특히, 무량수전은 국보 제 18호로 고려시대 전통 건축 기술을 잘 보여주는 대표적인 사례로 전통의 아름다운 품격을 더욱 높여준다.

12.❷ 시간의 흐름으로 본 부석사DNA

부석사는 신라 문무왕 때 의상(625-702)이 중국 유학 후 수도처로 삼아 안주하다가 가람을 이룬 곳이다. 문무왕이 의상의 처지를 개선해 주려 했으나 전장田莊과 노비를 거절했으므로, 창건할 당시의 모습은 의상이 부석사 조사당에 머물면서 남겼던 생활상으로 짐작할 수 있다. 당시에는 경내에 탑도 세우지 않았고 소조로 만든 아미타 불상만을 모셨을 가능성이 높다.

대 석단을 쌓고 터를 마련한 현재의 무량수전 자리는 의상의 제자 신림 이후 신라 하대 경문왕(861-875) 때 한꺼번에 이루어졌을 것으로 추정한다. 부석사의 기본 구조라고 할 수 있는 석단과 석룡, 장대석, 3층석탑 등이 경문왕 무렵에 완성되었기 때문이다. 이렇게 부석사가 대규모 사찰로 변모한 것은 신림이 배출한 수많은 화엄 대덕 들이 국가로부터 많은 물질적 지원을 받았을 것으로 추정된다. 비로소 화엄종의 본산이 된 부석사는 많은 대중이 생활하는 곳으로 변했고 승려가 되기 위해 처음 출가하는 곳으로 유명해졌다. 신림은 법융, 진수,

순응, 질응, 대운 등의 인재를 길러내었고, 혜철, 무염, 도헌, 징효 등은 부석사에서 화엄학을 수학한 고승들이다. 신라 하대에도 화엄종찰이었던 부석사는 끊임없이 화엄학을 추구했다.

고려시대 때 부석사는 원융(964-1053)이 주지로 있으면서 대장경을 새겨 그 일부를 부석사와 안국사에 보관하였다. 무량수전 동쪽 언덕의 비각에 있는 원융국사비는 고려문종 8년인 당시까지 부석사에 의사의 법손들이 주석해 온 내용을 알려주고 있다. 고려 신종 4년(1201)조사당 단청, 고려 고종 37년(1250) 주지 각응이 미타경을 조판하여 판전에 보관하였고 공민왕 7년에 왜적의 병화에 화재를 입기도 한다. 공민왕 21년(1372), 왕명으로 부석사 주지가 된 원응(1307-1382)이 1376년 무량수전을 중수하고 이듬해 조사당을 중건해 현재까지 전해온다.

조선 성종21년(1409)에 조사당을 중수하였고, 성종24에는 조사당에 단청을 하였다. 명종 10년(1555)에 화재로 안양루가 소실, 선조6년(1573) 조사당 지붕 개수, 선조 9년(1596)-11년(1578)에는 석린이 안양루를 중건했다. 광해군 3년(1611)에는 무량수전의 중보 중수, 경종 3년에는 무량수전 본존불을 개금했다. 영조 22년(1746)에 화재로 승당, 만월당, 서별실, 만세루, 범종각 등이 소실되어 이듬에 중수, 영조 44년(1765년)에는 무량수전 본존을 개금했다.

일제강점기인 1916년에는 무량수전과 조사당을 해체수리 하면서 석룡이 노출되었다고 한다. 이 무렵에는 무량수전 서쪽의 취원루를 동남쪽으로 옮겨 취현암이라 했다. 1967년 부석사 동쪽 옛 절터(북지리 동방사지)에 있었던 3층쌍탑을 옮겨와 범종각 앞에 세웠다. 1969년 무량수전 기와 불사, 1977-1980년에는 사역 전체를 정화하면서 일주문, 천왕문, 숭당崇堂 등을 증축하여 현재까지 유지해 오고 있다.

부석사의 역사적 흐름은 창건 후 고려시대 때 최고조로 흥한 모습을 보여준다. 현재의 부석사에 이전된 3층쌍탑은 전통적인 이탑식가람의 정체성 확립과 창건 이후 도량이 성장하고 위축된 흥망성쇠의 모습을 보여주고 있다. 부석사가 왕의 명에 의해 건립된 국찰이라면, 부석사 동측에 이탑식가람으로 이미 지어진 사찰을 국유화하여 편입하였거나 부석사 서측에 '부석사주라청'이라는 글이 새겨진 기와출토 영역까지도 확장하여 건립하였다고 추정할 수 있다. 이는 부석사가 한때 최고로 성장했던 시기였다.

그러므로 현재의 부석사는 북지리사지에서 이전되어 자인당에 안치된 비로자나석불(과거불)과 석가여래와 다보여래를 의미하는 3층쌍탑(현세불)이 보완된 화엄의 시간성과 함께 부석사의 흥망성쇠로 역사적 시간성도 감지할 수 있다.

부석사는 핵심이 되는 무량수전 배흘림기둥, 맵시 있는 지붕의 추녀 곡선, 그 추녀와 배흘림기둥의 조화, 공포, 가구재 구성 등에서 주심포 건물의 기본 수법을 잘 보여주고 있다. 부석사는 창건 이후 거듭된 부흥 과정을 거치고 특히, 무량수전의 중건을 통해 고려시대 때 찬란했던 불교 융성의 절정을 맞이했다고 볼 수 있다.

조선시대의 숭유억불 시대를 거치고 일제강점기를 지나면서 쇠락했지만, 위대한 부석사는 2018년 유네스코 세계유산으로 등재되어 한국인에게 사무치는 아름다움을 전하는 사찰로 지속되고 있다.

13. 부석사의 미래가치

부석사 DNA
평상계의 구현, 오름으로 화엄이 사공간을 탐색하다.

본 장은 부석사의 미래가치를 위해 부석사로 구현된 「화엄일승법계도」, 명당에 대한 불교의 공간적 나눔 문화, 화엄 전파를 의미화한 누각으로 구분하여 현대건축에 적용할 전통의 사상적 가치를 도출하였다.

13.❶ 부석사로 구현된 「화엄일승법계도」의 교훈

현재는 미완의 정보화 사회다. 정보화 사회는 모든 영역에서 투영, 변환, 가상으로 표현된다. 이러한 표현이 성립되는 원인 중 하나는 자본주의 사회에 나타난 사용·교환·상징가치가 그 배경을 이룬다. 이 가치는 전통 건축인 부석사의 역사 속에서 다음과 같이 발견된다.

사용가치는 인간의 몸이 도구로 확장될 수 있는 순수성으로 기능적 가치를 추출해야 한다. 건축의 기능적 가치를 추출하려면 기존의 것을 조사하고 사례도 분석해야 한다. 분석은 사물을 투영하는 작업이다. 투영(projection)은 라틴어 프로엑티오넴(projectonem)에서 유래하면서 전치, 이동, 전이를 가리키며, 앞으로 던지다. 뻗어나가다, 축출하다, 거부하다, 포기하다, 확장, 투사 등의 분석 용어를 의미한다. 푸그리지는 '투영의 사용만으로 예술이 실현될 수 있다'고 하였다(L. P. Puglisi, 2001: 35). 이 말은 예술가들이 투영하는 작업을 통해 정교한 형태나 추상적 가치를 실현 시킬 수 있다는 것이다. 현대의 건축학적 관점에서, 의상은 봉황산의 경사지를 철저히 분석한 것으로 보인다. 그것은 첫째, 『관무량수경』에 나오는 삼배구품에 따라 9단의 석단을 구축했다. 둘째, 『화엄경』「십지품」에 등장하는 보살행 10단계의 실천적 수행을 9단의 석단이 만든 10개의 터로 의미화했다. 셋째, 서방정토를 무량수전의 동·서 축과 일치시킨 점이다. 그러므로 의상은 부석사를 창건하기 위해 철저한 대지 조사와 분석, 건축화할 수 있는 경전의 핵심 내용을 투사하여 화엄이 투영된 부석사를 탄생시켰다.

건축의 교환적 가치는 현대정보화 사회에 와서 변환(mutation)의 의미로 발달해 인간의 언어를 컴퓨터로 복잡하게 전환하여 순식간에 다른 결과물을 창조한다. 푸그리지는 변환을 이 언어에서 저 언어로의 '전환轉換(translation)'되는 것 외에 '원자화原子化(atomization)', '논리화(logicization)', '은유화隱喩化'로 구분하였다(Puglisi, 2001: 61-62). 이러한 키워드는 분석한 것을 개념화하여 건축적으로 전환하는 수단이 된다. 부석사도 이러한 변환가치를 가진다. 의상「법계도」는 건축적 개념이 되어 부석사로 변환된 것이기 때문이다.「법계도」가 부석사로 구현된 핵심은 의상의 화엄사상이 건축적 언어로 전환된 것이며, 사람의 상념에 고정화된 물질과 공간이 무한하게 변화되는 원자화를 지칭하며, 순례자의 오름을 도의 완성으로 논리화하고, 화엄을 건축공간으로 은유해 보여주었다는 점에서 정보 변환의 교환성을 분명히 보여주고 있다.

상징가치는 모스의 증여론(Essai sur le don, 1925)에서, 상품은 영혼이 포함되어 있음을 강조하였고, 선물의 주고받음은 영혼의 교환을 상징한다고 했다. 즉, 물질에 담긴 기호를 통해 정신적이고 영적인 본질을 상징하는 것이다. 건축의 상징가치는 물질을 통한 가상공간이나 가상의 정보 속에서 건축가와 관찰자의 사회계약이 지니는 기호적 의미의 원천으로 커뮤니케이션에 이른다. 나아가 물질을 통해 표현되는 건축가의 감정적 언어는 가상적 특성을 갖는다. 가상(simulation)은 도구로 투영되고 목표를 이루기 위해 변환된 후 최종적인 결과를 표현하는 것이다. 푸그리지는 가상이 컴퓨터 과학에서 생긴 말이 아니라 예츠(F. A. Yates)의 기억의 예술(the art of memory)에서 사건을 기억하는 방법에서 생겨난 것이라고 했다(Puglisi, 2001: 85). 건축은 기억이나 기대를 통해 상상이나 가상의 이미지로 발현될 수 있다. 부석사의 석축만 보더라도 큰 돌과 작은 돌이 어울려 하나의 석축이 된 일즉일체다즉일一卽一切多卽一이라는 「법계도」의 게송이 떠오른다. 의상의 화엄사상이 건축학적 표현으로 펼쳐진 것이다. 그러므로 부석사의 가상은 순례자의 기억 속에 법성계가 학습되어 연상되는 상징가치를 갖는다.

따라서 부석사로 변환된 「법계도」는 오늘날 정보화 사회에서도 투영, 변환, 가상을 통한 부석사의 다양한 기호들로 생성되고 있다. 나아가 부석사와 「법계도」는 전통 건축에 담긴 전통사상이 시뮬레이션으로 계승되고 실제를 표현하는 가치로 재소통되어야 할 것이다.

13.❷ 명당, 불교의 공간적 나눔 문화

불교 풍수에서 명당은 단순히 좋은 기운이 깃든 공간을 의미하는 것을 넘어, 사회적 나눔과 연결된 가치를 지닌다. 우리나라 사찰의 대부분은 가장 좋은 명당에 주요 전각을 배치하여 대중들에게 안식처를 제공하고 지혜와 보살핌을 얻는 장소로 활용되어 왔다. 이는 불교의 가르침인 자비와 평등을 실천하는 과정이다.

부석사 무량수전은 우리나라 최고의 명당에 자리 잡아 대중들에게 수행하는 공간으로 내어주었다. 이러한 공간은 종교적 공간뿐만 아니라, 대중을 위한 교육 및 문화 공간으로 활용될 수 있다. 즉, 대중들은 법당에 모여서 수행하고, 봉사활동을 하면서 공동체 의식을 강화할 수 있다. 그러므로 불교의 전각은 대중의 공간이다. 이는 명당공간을 특정한 권력자의 탐욕의 대상이나 독점하는 공간이 아닌 나눔의 공간을 의미한다. 나눔 공간은 불교의 가르침인 자비와 평등을 실천하는 과정이며, 사회의 안녕과 발전에 기여하는 역할을 한다.

부석사는 몇 번을 가더라도 싫증이 나지 않는 명소다. 불자라면, 부석사를 포함한 사찰에 왜 자주 가는지 질문을 받았을 것이다. 그것의 첫 목적은 좋은 풍광을 즐기고 싶은 마음이다. 대부분의 사찰에서 자연의 좋은 풍경을 관조한다는 것은 나와 자연의 교감으로 힐링하는 것이다. 모든 생물은 자연에서 태어나지만, 인간은 인공으로 조성된 공간에서 시간을 보낸다. 그러므로 사찰을 찾는 것은 나 자신의 원시성과 감수성을 일깨우는 것이다.

풍수지리설에 대한 이론이나 내용은 접어 두고서라도 풍수지리설이란 학문이 생긴 것에는 이유가 있다. 먼저, 명당이란 무엇일까? 명당은 좋은 기운을 받는 곳이다. 좋은 기운은 무엇일까? 아름다움을 느낄 수 있는 장소일 것이다. 그래서 기분이 좋아지고 사람들이 잘 살고 행복해질 수 있는 곳이 명당인 것이다. 우리나라는 예로부터 이름난 절경의 산세를 중시했고 이에 따라 산신신앙도 발달해 민간의 기도처가 되었다. 불교가 뒤늦게 도입되어 민간신앙 터를 점유하면서 산신신앙도 포용하기 시작했다. 부석사터도 그 중 한곳이다. 그러므로 천년 고찰이 들어선 곳은 예사로운 곳이 아니다. 즉, 부석사는 창건되기 이전부터 여러 사람들이 관조하면서 좋은 기분을 느꼈던 터에 자리잡았던 것이다.

그러므로 부석사와 같은 절집에 가면 걷는 것만으로도 좋은 터에서 풍경을 누리고 도시에서 찌든 세속의 때를 정기적으로 씻어낼 수 있다. 시간적 여유가 있다면, 좋은 터에 자리 잡은 절에서 숙식을 하고 수행하는 사람들과 교감을 나눈다면 최고의 힐링을 느끼게 될 것이다. 부석사 무량수전은 수행하기 좋은 최고의 명당 터로 최고 아름다운 목조건축에서 발원하고 회향을 이루고 앞마당에 나가면 끝없는 능선이 펼쳐지면서 마치 극락세계를 보는 듯한 장엄을 맞이할 것이다. 이렇게 부석사의 명당은 사람들과 함께하는 나눔의 장소적 미덕을 부여한다.

불교 풍수의 특징은 최고의 고승들이 최고의 명당 터를 택하여 모든 대중이 함께 공유할 수 있는 법당과 기도처, 선원과 수행처로 활용하게 만들었다는 점이다. 명당과 혈처穴處를 부귀빈천을 가리지 않고 모든 대중이 함께 향유할 수 있는 가람을 배치한 것이다. 사찰에 거주하는 승려도 명당 터인 법당에 대중들과 같은 시간에 들어가서 함께 기도하고 정진한다. 이는 최고의 명당을 나만 차지하지 않겠다는 '대승풍수大乘風水'와 '공익풍수公益風水'의 정신인 것이다. 불교의 근본이라 할 수 있는 대승 보살행과 요익중생의 현실적 발현인 것이다.

부석사를 포함한 우리의 천년고찰들이 풍수지리학적으로 최고의 명당에 자리잡은 것은 우리 선조들이 남겨준 불성사상과 만민평등의 정신이 고스란히 담겨있다. 이처럼 한국의 천년고찰들은 최고의 명당에 자리잡아 좋고 나쁜 것으로 분별될 수밖에 없는 속세를 벗어나 모든 대중이 평등하게 함께 사용하라는 위대한 가르침을 조용히 간직하고 있다.

13.❸ 화엄의 전파를 의미화한 누각

　부석사 조사당에서 본 누각은 다른 전각의 지붕들과 함께 어울려 날개짓하여 비상飛上하는 화엄의 날개로 의미화할 수 있다. 누각의 지붕은 진입 시 지붕 전체가 새가 날개를 펼치고 나는 듯한 역동감을 가진 아름다운 형태와 공간이 함께한다. 이는 의상의 화엄사상으로 봉황산에서 태어난 한국적 화엄을 의미하는 봉황이 날개짓으로 화엄을 전파하려는 목적으로 비상하는 듯한 개념을 지닌다. 부석사 창건 이전에 한국적 화엄을 먼저 토착화한 곳은 안동에 있는 천등산 봉정사였다.

　그러므로 영주 부석사는 안동 봉정사와 밀접한 관계가 있다. 봉황산 부석사에서 봉황이 날아가 머문 봉정사 자리는 부석사에서 바라보는 시각 범위에 있다. 현재의 부석사 무량수전 앞마당에서 남쪽으로 바라보면 산맥의 능선들이 켜켜이 겹쳐진 전망을 바라볼 수 있는데, 물결같이 중첩된 구릉 호수 끝쯤에 천등산이 자리한다. 7세기 문무왕의 명에 의해 창건되기 전의 부석사는 현재의 의상 영정이 있는 조사당을 중심으로 한 청빈한 양상이었을 것으로 추정한다. 그곳에서, 의상은 제자들을 거느리고 초가를 짓고 불경을 강의하거나 토굴에서 화엄학을 닮은 것으로 전해진다.

부석사가 있는 봉황산과 관련된 봉황 설화에서, 용이 뱀 토템의 승화이듯이 봉황은 새 토템의 승화로 해석된다. 그 의미를 확장하면, 봉황산의 부석사나 천등산의 봉정사가 의미하는 봉황은 삼국시대에서 통일신라로 승화되는 새로운 황제를 의미하는 것으로도 해석할 수 있다. 또한, 중국 화엄종이 우리 땅에 들어와 자장, 원효, 의상에 의해 퍼져나갔고, 봉정사 자리에서 봉황이 다시 알을 품어 새로운 생명이 태어났듯이 의상은 제자 능인에게 명령해 우리만의 화엄종으로 정착을 알리는 의미로도 볼 수 있다. 이에 의상과 능인은 어떤 방법으로 봉황토템을 습합한 화엄종의 봉정사를 구현하고 불교설화로 재탄생시켰을까? 이는 난생卵生과 관련된 편안한 새 둥지 같은 형상을 개념화해, 전각으로 두르고 중정으로 비워 중생이 머무르는 생동적인 공간을 추구한 지금의 봉정사 모습으로 추정된다. 의상과 능인은 우리 민족의 '난생신화'를 불교 설화에 흡수해 건축에 중정을 공간화함으로, 우리 정서에 맞는 사찰의 공간성을 탐구하고 정착시켰다고 볼 수 있다. 이러한 과정에서 봉정사에도 누각이 건립되어 부석사 창건 시 누각을 건립하는 선험적 경험이 되었을 것이다.

봉정사는 의상이 창건한 부석사보다 4년 앞선 시기에 창건되었다. 그 무렵 의상은 조사당을 중심으로 수행하면서 부석사 창건을 구상했던 것으로 추정된다. 의상은 부석사와 봉정사의 연관성을 깊이 생각했을 것이다. 의상은 부석사터에서 한국적 화엄으로 탄생해 새롭게 토착화한 봉정사를 생각했을 것이다. 그는 부석사터가 봉황이 알을 품는 형국이므로 그 알을 화엄으로 의미화해 한국적 화엄으로 부화시켜 탄생한 새로운 봉황을 날려 보낸 곳이 천등산의 봉정사 터라고 해석했을 가능성이 높다. 즉, 의상은 봉황산에서 날아간 새를 부석사의 누각이라고 의미적으로 해석하고 무거운 기와지붕을 역동적으로 표현하고 비상하는 모습으로 구현했다고 볼 수 있다.

우리가 지금까지 알고 있는 전통적인 누각은 누하진입과 누마루를 통한 공간의 전이성, 소통성, 자연과의 조화를 포함해, 초기에는 시간을 알리는 기능적 장소로 사용되었고, 불교에서는 경전의 내용을 구현하였고, 유교에서는 서원의 경계와 함께 주변과의 소통을 이루는 기능으로 변화되어 왔다. 사회적으로 본 누각의 소통적 변화는 불교의 누각은 조선시대 유학이 득세하면서 생존을 위해 누각 영역을 내주어 사회·문화적으로 소통하는 결과를 낳게 하였다.

따라서 부석사의 누각은 앞에서 언급한 전통적인 누각의 기능성과 종교 사회적 가치를 넘어 화엄을 알리기 위한 표현적 수단으로 알을 깨고 나온 봉황이 날아가 화엄을 전파하는 의미를 갖는 전환적 의미의 개념도 가진다. 이러한 개념은 같은 형상의 누각건축을 차별화 할 수 있고 현대건축에서도 장소성을 되살릴 수 있는 공간 개념으로 작동될 수 있는 가치로 성장할 수 있을 것이다.

■ 참고문헌

『大方廣佛華嚴經』.

『佛說無量壽經』.

『觀無量壽經』.

『十地經』.

『佛說無量壽經』.

『華嚴法界玄鏡』.

『大乘起信論』.

『大乘同性經』.

『朝鮮寺刹史料』.

『妙法蓮華經』.

『敦煌變文』.

경상북도. 2014. "영주부석면 북지리178번지 과수원부지내 유적 발굴(시굴)조사".

계명한문학연구회. 1990.『퇴계선생문집(退溪先生文集)』. 학민문화사.

계연수. 2013. 안경전 역.『환단고기』. 상생출판.

구승희. 1995.『에코필로소피』. 새길.

고고미술. 1966. "고고미술뉴스".『고고미술』7(8).

국사편찬위원회. 2007.『신앙과 사상으로 본 불교 전통의 흐름』. ㈜두산동아.

국사편찬위원회 한국사데이터베이스. db.history.go.kr/

강호선. 2019. "고려 국가불교의례와 경행".『한국사13상사학』62권0호. 한국사상사학회.

김광현. 1993. Le Corbusier 의 "건축적 산책로에 관한 연구".『대한건축학회논문집』 1993-019(1).

김경윤. 1993.『한국료사의 건축적 특성에 관한 연구』. 전북대학교.

김규현. 2013.『대당서역구법고승전(실크로드 고전여행기4)』. 글로벌콘텐츠.

김상록. 2020. "'전체와 무한』으로 본 마음의 생멸".『철학사상』75: 3-31.

김성규. 2006.『안동, 결코 지워지지 않는 그 흔적을 찾아서』. 안동문화원.

김석희. 2019.『풍수문헌에 나타난 음양에 대한 고찰』. 영남대학교.

김성우. 1992. "통일신라시대 불교건축의 변화".『건축역사연구』2

김성철. 2004.『사찰건축 루에 관한 연구』. 명지대학교.

김상현. 1989.『신라화엄사상사 연구』. 동국대학교 박사논문.

김우창. 2008.『풍경과 마음』. 생각의 나무.

김봉렬. 1999.『이땅에 새겨진 정신』. ㈜도서출판사솔.

_____. 2002.『가보고 싶은 곳 머물고 싶은 곳』. 인그라픽스.

_____. 2004.『불교건축』. ㈜도서출판사솔.

김보현·배병선·박도화. 1997.『부석사』. 대원사.

김부식. 2012.『삼국사기』. 유화종 역, 일문서적

김태형. 2015. "영주 부석사 무량수전의 성격에 대한 고찰".『문물연구』28.

김현준. 2003.『사찰 그 속에 깃든 의미』. 효림.

김희정. 2012.『한국단청의 이해』. 한티미디어.

김홍철. 1991. "선묘용 설화적 심층적 고찰".『반교어문연구』3(0).

남문현. 1988. "세종조의 누각에 관한 연구: 보누각자격누".『동방학지』57.

동국대학교 불교교재편찬위원회. 2005.『불교사상의 이해』. 불교시대사.

류증선. 1917.『영남의 전설』. 형설출판사.

문정필. 2023. "부석사 창건과 무량수전에 구성된 사회적 이념".『사회사상과 문화』26(1).

_____. 2025. "한국 누각 건축의 소통과 변화: 불교·유교 건축을 중심으로".『사회사상과 문화』28(1).

_____. 2017. "한국 전통건축의 명상초입을 위한 공간 고찰".『대한건축학회연합논문집』19(2).

_____. 2021. 동서양 종교적 자연관에 내재된 긍정적 정서의 명상 공간,『불교와 사회』13(1).

_____. 2023. "부석사 창건과 무량수전에 구성된 사회적 이념".『사회사상과 문화』26(1).

_____. 2020. "통치이념으로 본 통도사의 시·공간: 선덕왕과 자장율사를 중심으로".『사회사상과 문화』23(2).

_____. 2018.『불국사DNA』. 도서출판문장21.

_____. 2021.『통도사DNA』. 도서출판문장21.

_____. 2023.『봉정사DNA』. 도서출판문장21.

문화재청 불교문화재연구소. 2016.『사지, 소재문화재 보존현황자료집』.

문화재청. 2002.『무량수전:실측조사보고서1, 2』.

박명희. 1994. "역사유적의 관광매력성 개발방안에 관한 연구".『관광레저연구』6(6).

_____. 1987.『풍수지리 발생배경에 관한 분석 연구』. 고려대박사학위논문.

박순·김석현·구본능·정의우·황만기·신호림·천명희. 2019.『봉정사: 가치와 기록』. 경상북도·안동시.
박동춘. 2017.『조선의 선비 불교를 만나다』. 이른아침.
박정해. 2014. "부석사 입지의 풍수환경과 좌향에 관한 연구".『동방학』30(0).
박다원. 2016. "『삼국유사』설화에 나타난 용의 양상과 의미 −황룡사구층석탑과어산불영설화를 중심으로".『국학연구론총』18(0).
박시익. 1992.『풍수지리와 현대건축』. 기문당.
박태원. 2004.『원효와 의상의 통합사상』. 울산대학출판부.
박홍균. 2009. "초기화엄불교 산지가람 중 경사지에 건축된 사찰 등의 건물배치 디자인 전개의 시각적 유사성에 관한 연구".『대한건축학회연합논문집』11
안영배. 1989.『한국건축의 외부 공간』. 보진재.
양상현. 2005. "불국토 사상에 따른 다불전 사찰의 조영 개념 연구 − 불국사,법주사,부석사의 불전 배치를 중심으로".『건축역사연구』14(2).
여호규. 2018. "7−8세기 신라의 시보제 시행과 도성민의 시간생활".『대구사학』132.
오미영. 2004. "의상 화엄일승법계도의 법계관 연구". 동국대학교 박사학위논문.
오세덕. 2013. "경주 음문동 사찰에 관한 고찰".『고문화』81.
은정희. 1991.『원효의 대승기신론 소·별기』. 일지사.
우남철. 1979.『한국건축의장』. 일지사.
_____. 1986.『한국주택건축』. 일지사.
유홍준. 1994.『나의 문화유산 답사기2』. 창작과 비평사.
유승무·신종하·박수호. 2016. "원효의 화쟁일심사상과 한국 마음문화의 가상적 기원".『사회사상과 문화 19권4호』. 동양사회사상학회.
윤재근. 2006.『동양의 본래미학』. 나들목.
윤장섭. 1988.『한국건축사』. 동명사.
윤동진. 2002.『산지가람 진입공간 연구』. 서울대학교.
우 문. 2007. "화엄법계와 그 증입−선재가 만난 보현보살 선지식의 해탈문을 중심으로".『석림』41.
이종수. 2017. "사찰건축 공간구성의 역사, 그리고 지속과 변형의 가능성".『남도문화연구』32: 57−88.
이 혁. 2000.『산문을 중심으로 한 전통사찰 진입공간의 특성고찰』. 전남대학교.
윤동진. 2002.『산지가람 진입공간 연구』. 서울대학교.

이동철. 2005.『21세기의 동양철학』. 을유문화사.

_____. 2005.『한국 용설화의 역사적 전개』. 민속원.

이종익. 1980. "한국불교사상사 위에서 본 균여법계도기 고찰".『불교학보 제17집』. 동국대학교 불교문화연구원.

이서우. 2021. "건축적 산책을 통한 한국 산사에서의 체험에 관한 연구".『대한건축학회논문집』37(5).

이종익. 1980. "한국불교사상사 위에서 본 균여법계도기 고찰".『불교학보』17.

이용윤. 2008. "삼세불의 형식과 개념 변화".『동악미술사학』9.

이기영·김동현·정우택. 1995.『통도사』. 대원사.

이중한. 2005.『택리지』. 을유문화사.

이 철. 2018. "니콜라스 루만의 '자기생산체계'에서의 '자기'의 구조와 과정 및 형식".『사회사상과 문화』21(2).

이자랑. 2019. "의상의 계율관".『한국사상사학』61(0).

이성수. 2015. "한국 주요사찰의 풍수론적 입지 분석-부석사, 봉정사, 해인사를 중심으로".『대한풍수연구』1(0).

이응진·김은혜. 2021. "스토리텔링을 활용한 관광콘텐츠 개발과 관광전략에 관한 방안 연구."『동북아관광연구』17(4).

이효걸·김복영. 2000.『천등산 봉정사』. 지식산업사.

이 황.『퇴계선생문집』.

임 천. 1961. "영주 부석사 동방사지의 조사".『고고미술』2(7).

일 연. 2002.『삼국유사』. 이호 역. 홍신문화사.

장규언. 2011. "한국 산사건축에 보이는 공간인식-부석사를 실례로".『환경철학』20(0).

장진영. 2014. "화엄사상에서 '부분'과 '전체'의 의미".『원불교사상연구원』34.

장충식. 1978.『한국석조계단고(불교미술4)』. 동국대학교박물관.

장호준. 1998. "문루의 건축적 특성에 관한 연구".『대한건축학회논문집』18(2).

정기철. 2011. "취원루를 통해서 본 영주 부석사의 건축공간 변천".『건축역사연구』20(3).

정은혜. 2016.『마음과 시간』. 서울대학교출판문화원.

정환·백현·이영주·김명청·배준호·목진원·박춘란·김주성. 2012.『신 관광학 개론』. 두양사.

정무웅. 1984.『한국전통건축 외부공간의 계층적 질서에 관한 연구』. 홍익대학교.

정영식. 2008. "『화엄경』해석을 둘러싼 간화선자와 묵조선자의 차이-입법계품 입누각 이야기를 중심으로-".『선문화연구』4.

정종인. 2000.『삼국 및 통일신라 산지사찰의 형성과 변천과정』. 연세대학교.

정호영. 2015. "의상 화엄사상의 시간·시간성".『불교연구』43.

조경철. 2015. "백제 익산 미륵사의 3탑 3금당과 쌍탑의 기원".『백제연구』62.

조범환. 2015. "9세기 해인사 법보전 비로자나불 조성과 단월세력-묵서명에 대한 검토를 중심으로"『민족문화』45.

조동일. 1990.『삼국시대 설화의 뜻풀이』. 집문당.

＿＿＿. 1985.『한국설화와 민중의식』. 정음사.

조남두. 2000. "화엄경을 통해 본 화엄계 초기사찰의 배치형식 연구".『대한건축학회 학술발표대회 논문집-계획계』20(1).

조성숙. 2014. "승천하는 용설화의 통과의례적 의미".『인문논총』34(0).

주요섭. 2022. "니콜라스 루만으로 본 한국 생명운동: 생명/비생명 구별과 생명의미론의 자기생산·자기기술".『사회사상과 문화』25(4).

진경돈·이강업. 1989. "부석사의 입지선정 배경과 배치 변화 특성에 관한 고찰".『한국조경학회지』16(3).

최순우. 2008.『무량수전 배흘림기둥에 기대어서서』. 컬렉션.

최유진. 1998.『원효사상 연구』. 경남대학교 출판부.

최연식. 2015. "『화엄경문답』과『일승법계도』를 통해 본 의상의 화엄경 인식".『한국사상사학』49.

최창조 1984.『한국의 풍수지리』. 민음사.

탑이미지 편집부. 2022.『정원 누각 탑파의 예술적 이해』. 탑이미지.

하경숙. 2018. "설화에 형상화된 영주문화권의 특질".『동양문화연구』28.

한주희·문정필. 2023. "부석사의 시·공간에 구현된 의상의「화엄일승법계도」".『사회사상과 문화』26(3).

＿＿＿. 2024. "전통사상이 구현된 부석사의 시·공간적 표현".『사회사상과 문화』27(3).

홍광표·김정호. 2010. "한국사찰에 현현된 극락정토-관무량수경의 의보관을 중심으로".『한국전통조경학회지』29(4).

홍병화. 2011. "9~11세기 중반 부석사 무량수전 영역의 건축계획과 구성요소".『대한건축학회 논문집-계획계』27(9).

홍윤식. 2000.『한국의 가람』. 민족사.

홍광표. 2011. "한국사찰에 현현된 극락정토-관무량수경의 의보관을 중심으로-".『한국전통조경학회지』29(4).

황정임·문정필. 2023. "마곡사 시·공간의 역사적 가치와 현대적 함의". 『사회사상과 문화』 26(4).

_____. 2024. "가람배치에 나타난 전통사상의 이념적 가치: 공주 마곡사를 중심으로". 『사회사상과 문화』 27(2).

한국불교연구원.1993. 『부석사』. 일지사.

황규성. 2001. 『조선시대 삼신불회도에 관한 연구』 동국대학교 석사학위논문.

홍매선·김성우. 2014. "5~6세기 중국 1탑1금당 불교사찰 배치계획의 변화특성" 『대한건축학회』30(7).

황희연. 2002. 『도시생태학과 도시공간구조』. 보성각.

황태규·강순화. 2013. "역사문화콘텐츠 스토리텔링을 활용한 관광지 명소화 방안 연구." 『한국비교정부학부』17(2).

老子. 2014. 『道德經』. 홍문관.

사사키 겐준. 2015. 『불교 시간론』. 황정일 역. 씨아이알.

나카자와 신이치. 2003. 『신화 인류 최고의 철학(카이에소바주1)』김옥희 역. 동아시아.

Norbert Shannauer. 2004. 『집』. 임연홍 역. 다우.

Niklas Luhmann. 2012. 『사회의 사회Die Gesellschaft der Gesellschaft』. 장춘익 역. 새물결.

Margot Berghaus. 2012. 『쉽게 읽는 루만』. 이철 역. 한울.

Gilles Deleuze. 2004. 『차이와 반복』.김상환 역. 민음사.

H. Bergson. 2005. 『물질과 기억 Matière et mémoire』. 박종원 역. 아카넷.

P. J. Zwart. 1999. 『시간론About Time』. 권의무 역. 대구: 계명대학교 출판부.

Shelly Smith-acuna. 2019. 『체계이론의 실제Systems Theory in Action: Applications to Individual, Couple, and Family Therapy』. 강은호, 최정은 역. 학지사.

Niklas Luhmann. 2012. 『사회의 사회Die Gesellschaft der Gesellschaft』. 장춘익 역. 새물결

Hans-Georg Moeller. 2006. Luhmann explained. Chicago and La Sall, Illinois: Open Court

Hans-Georg Moeller. 1893. The Radical Luhmann. New York : Columbia University Press.

▫ 색인

12지연기 137
3차원 곡선 43
3층석탑 123, 124, 129, 130, 132, 133, 146, 147, 152, 154, 201, 212
3층쌍탑 10, 17, 18, 107, 123, 124, 125, 133, 134, 136, 137, 138, 139, 148, 149, 152, 153, 154, 201, 213, 214

㉠

가상 78, 216, 217, 218, 226
감은사 53, 74, 124, 135
거시세계 93
견보탑품 135
경순왕 127
경연일기 167
경행 95, 97, 111, 112, 136, 224
계학 109
고금당 169
고조선 61
고직사 176
공익풍수 220
공자 167
공중누각 165, 166, 167, 168, 188
공포 17, 41, 42, 43, 44, 149, 214
과거·현재·미래 26, 27, 90, 96, 112, 115
과거불 10, 14, 22, 27, 31, 32, 33, 88, 90, 94, 97, 102, 103, 104, 105, 109, 110, 115, 116, 117, 134, 139, 140, 149, 152, 153, 154, 195, 210, 214

관경변상도 163, 165, 183, 184, 202
관무량수경 52, 67, 68, 78, 87, 91, 106, 128, 143, 163, 164, 202, 216, 228, 229
광개토대왕릉비 53, 74
교환적 가치 217
구인당 176
국망봉 22
권종이부 51, 52, 55, 58, 74, 101
귀산 52
귀솟음 8, 42, 44, 211
귀추녀 43, 211
균여 30, 227
극락전 27, 122, 127, 133, 138, 168, 169
극락정토 8, 31, 41, 57, 67, 80, 117, 132, 165, 211, 228, 229
금강계단 58
금당 74, 124, 125, 129, 130, 134, 135, 138, 146, 149, 169, 228, 229
기세간 90, 92, 94, 102, 104
기승전결 14, 106, 108, 115, 116
기억의 예술 218
김대성 27
김병연 17, 37
김성일 166, 167, 173

㉡

난생신화 46, 56
난승지 89, 104
난타 27, 57
내사전적 176
논리화 217
누각건축 153, 159, 162, 165, 191, 223

누마루　45, 125, 140, 142, 143, 151, 153,
　　　　158, 159, 162, 169, 171, 176,
　　　　177, 189, 190, 191, 202, 223
누정문화　161, 188
누하진입　18, 125, 140, 141, 143, 151,
　　　　153, 158, 159, 162, 169, 171,
　　　　177, 184, 189, 190, 191, 202,
　　　　223
능인　5, 26, 125, 140, 168, 190, 191, 222
니콜라스 루만　70, 227, 228

ⓒ
다보여래　135, 149, 214
다불전　10, 15, 121, 122, 127, 128, 129,
　　　　133, 145, 146, 152, 153, 226
단군　61
단장혀　42
당간지주　17, 44, 106, 107
대승 보살행　220
대왕암　53, 74
대웅전　27, 58, 122, 127, 133, 135, 136,
　　　　138, 168, 169
대적광전　138
대첨차　42
덕휘루　162, 172, 186
도산서원　174
도선　53, 61, 76, 77, 150
도인　194
돈황변문　62, 77, 150, 151, 171, 199
동명성왕　53, 74
동방사지　134, 136, 201, 213, 227
동분서주　101
동시성　69, 72

동재　162, 176
동호문답　167
득이익　5, 88, 89, 99, 104, 115, 197

ⓜ
마곡사　161, 162, 229
마샬 맥루한　195
마하반야바라밀다심경　94
만대루　18, 175, 176, 177
만민평등　220
만세루　18, 161, 169, 170, 172, 177, 183,
　　　　185, 186, 213
만언봉사　167
맞배지붕　45
명산영지　55
모스　217
몽계필담　165
묘법연화경　135
무량수전　6, 7, 8, 9, 12, 13, 14, 17, 18,
　　　　23, 24, 27, 31, 32, 33, 35, 36,
　　　　37, 38, 39, 40, 41, 42, 43, 44,
　　　　45
무량해회　169
무변루　18, 175, 176, 177
무애　25
무정세간　92
문왕　74, 167, 212
미래불　7, 9, 10, 13, 14, 21, 22, 24, 27,
　　　　31, 32, 33, 68, 87, 88, 90, 102,
　　　　103, 104, 105, 113, 115, 116, 117,
　　　　133, 136, 140, 147, 152, 153,
　　　　154, 210
미륵보살　143, 163, 164, 202

미시세계 93
민간불교 25
민간설화 75, 79, 80
민간성지 9, 13, 24, 47, 49, 52, 54, 65, 71, 78
민구재 176
민중불교 25

(ㅂ)
반신반사 57
반월성 61
발광지 89, 104
발난타 57
배흘림기둥 7, 17, 41, 42, 43, 44, 149, 200, 211, 214, 228
백두대간 39, 50, 63
뱀 토템 222
범어사 25
범종루 17, 18, 44, 45, 46, 107, 122, 123, 133, 134, 139, 140, 141, 142, 143, 151, 153, 170, 171, 173, 177, 180, 201, 202
법계도 5, 6, 7, 9, 10, 11, 12, 13, 14, 16, 17, 18, 21, 25, 26, 27, 28, 29, 30, 31, 33, 66, 67, 85, 86, 87
법계연기 86
법성게 5, 7, 28, 29, 194, 195, 196, 197, 210, 218
법신 26, 32, 57, 127, 134, 194
법운지 89, 98, 99, 101
법화경 135
법흥왕 24
변환 12, 16, 215, 216, 217, 218

병산서원 18, 162, 163, 174, 175, 176, 177
보궁신앙 25
보신 26, 32, 127
복례문 176
복희 167
봉정사 6, 18, 26, 46, 122, 125, 159, 160, 161, 162, 168, 169, 170, 171, 172, 173, 177, 181, 183, 185, 186, 190, 221, 222, 223, 225, 226, 227
봉황 6, 22, 24, 36, 39, 44, 46, 56, 59, 65, 75, 127, 149, 162, 172, 200, 211
봉황산 6, 22, 24, 36, 39, 44, 46, 56, 59, 65, 127, 149, 200, 211, 216, 221, 222, 223
봉황포란형 39, 44
부동지 89, 95, 96, 97, 104
부석변신 56, 58
부석사주라청 136, 149, 152, 214
북악 24, 50, 53, 65, 76, 117, 126, 128
북지리사지 18, 107, 133, 135, 136, 137, 138, 139, 148, 149, 152, 214
불교설화 56, 66, 75, 222
불교풍수 10, 15, 61, 71, 76, 77, 79, 123, 128, 145, 150, 151, 153
불국사 6, 27, 122, 124, 126, 127, 133, 135, 225, 226
불국토 5, 29, 52, 63, 64, 67, 68, 78, 79, 99, 100, 110, 115, 116, 122, 180, 182, 183, 184, 197, 203, 226

불성사상 220
불영사 61
비로봉 22, 24, 27, 32, 33, 117, 210
비로자나불 22, 26, 32, 33, 69, 87, 97, 116, 127, 134, 139, 149, 210, 228
비로전 27, 122, 127, 133
비보풍수 125, 126, 128, 142, 143, 151, 153

ⓢ
사가라 57
사기 천관서 166
사리불 62
사상누각 165, 166
사실적 차원 9, 14, 52, 56, 59, 70, 71, 72, 73, 74, 75, 79, 80
사용가치 216
사회적 차원 9, 14, 64, 71, 72, 73, 75, 77, 79, 80
사회적 체계이론 70, 72
산악숭배사상 53, 60, 76, 150
산지가람 10, 15, 40, 65, 106, 121, 122, 123, 124, 125, 126, 128, 129, 130, 132, 133, 134, 136, 138, 139, 140, 143, 146, 148, 151, 153, 162, 226, 227
삼국사기 50, 58, 125, 160, 225
삼국유사 50, 58, 226, 227
삼배구품 87, 91, 106, 169, 173, 216
삼법인 109, 110
삼산오악 53, 65
삼세불 26, 27, 127, 227

삼신불 32, 88, 89, 104, 115, 117, 127, 140, 229
삼신오제사상 60, 76, 150
삼종세간 88, 89, 90, 92, 96, 99, 102, 104, 111, 116, 194
삼학 109
삼한산수비기 61
상로영역 10, 14, 98, 103, 104, 105, 113, 115
상징가치 216, 217, 218
상호연결·침투성 7, 196, 197, 198, 199, 210
새 토템 222
생생력 65
서방정토 51, 68, 101, 128, 133, 216
서원건축 159, 168, 174, 177
서재 162, 174, 176
석가모니 22, 26, 32, 62, 95, 111, 116, 127, 132, 135, 136, 146, 147, 201
석룡 51, 59, 66, 74, 78, 204, 212, 213
석조여래좌상 134, 138
선달산 22, 39
선덕여왕 25, 57
선룡 57
선묘 39, 51, 54, 59
선묘각 17, 59
선묘룡 39
선묘용 54, 55, 56, 57, 58, 59, 74, 75, 79, 224, 225
선묘정 66, 78, 204
선재동자 30, 128, 143, 163, 164, 202
선혜지 89, 98, 101, 104

성리학 167, 168, 174, 180, 181, 185, 189
성학십요 167
세간 88, 89, 90, 92, 94, 96, 97, 98, 99, 102, 103, 104, 111, 116, 194
소공 167
소수서원 174
소첨자 42
송고승전 50, 51, 55, 58
수행 공간 111, 182, 187
순례 10, 11, 14, 88, 92, 98, 102, 103, 105, 106, 108, 109, 110, 115, 116, 157, 198, 200, 217, 218
숭유억불 8, 11, 16, 138, 149, 162, 171, 179, 185, 187, 189, 214
시각적 시퀀스 45
시간적 차원 9, 14, 69, 70, 71, 72, 77, 78, 79, 80
시뮬레이션 218
신기루 165, 166, 168
신문 74, 172, 176
심괄 165
십지경론 26, 28, 29, 88
십지품 61, 87, 88, 89, 90, 91, 92, 94, 95, 96, 97, 98, 99, 101, 102, 104, 116, 150, 151, 216

◎

아미타불 7, 24, 27, 31, 32, 33, 41, 51, 52, 66, 67, 68, 87, 101, 102, 116, 117, 127, 129, 130, 132, 136, 183, 204, 211
안산 39, 40, 52, 63, 68, 171
안쏠림 8, 42, 44, 211

안양루 17, 18, 37, 38, 39, 40, 44, 45, 46, 90, 95, 97, 98, 101
엔타시스 42
역수책 167
역학 167, 188
연기 7, 31, 86, 113, 114, 136, 137, 138, 152, 153, 154, 194, 196, 197, 198, 210
연기법 15, 123, 126, 127, 145, 147, 153, 194, 196, 198
연화봉 22, 24, 27, 32, 33, 117, 210
연화장세계 31, 33, 87, 117
열반 5, 29, 31, 92, 100, 110, 113, 115, 116, 135, 138, 197, 201
열반적정 110
염혜지 89, 94, 104
영산회상도 128
영취산 135
영혼불멸사상 53, 76, 150
예츠 218
오토포에틱 70
오행생기 61, 150
옥산서원 18, 162, 163, 174, 175, 176, 177
왕즉불사상 24, 25
요사채 169
요익중생 220
용신 9, 13, 14, 49, 52, 57, 70, 75
용신사상 9, 13, 14, 49, 52, 54, 70, 71, 72, 74, 75, 79, 80
용왕 57
우주론 93
원자화 217

원행지 89, 95, 96, 104
원효 25, 36, 86, 87, 222, 226, 228
유네스코 세계문화유산 6, 174
율곡 167
은수재 176
은유화 217
음양팔괘 61, 150
응신 32
의미차원 80
의상전 30, 50, 51, 55, 58
의상조사 법성게 5, 28
이구지 89, 104
이언적 175, 176
이제공 42, 175
이제민 175
이중환 60
이차돈 24
이타행 88, 89, 95, 96, 97, 98, 99, 103, 104, 111, 114, 115
이탑식가람 124, 125, 134, 135, 136, 140, 148, 214
인연법 31
일승법계도원통기 30
일심사상 32, 86, 87, 226
일주문 17, 39, 44, 65, 90, 91, 92, 94, 102, 104, 106, 107, 110, 115, 122, 123, 129, 134, 140, 170
일체유심조 87
일탑식가람 15, 121, 122, 123, 124, 125, 128, 129, 130, 133, 138, 146, 153
입교당 176
입누각 128, 163, 165, 183, 202, 228

ㅈ

자리이타행 86, 96, 97, 111
자리행 88, 89, 92, 94, 97, 99, 102, 104, 110, 111, 114, 115
자비 7, 114, 196, 197, 198, 199, 210, 218, 219
자생적 풍수지리사상 8, 53, 54, 60, 61, 69, 79, 211
자오선 124, 129, 130, 135
자인당 18, 134, 137, 138, 139, 149, 152, 153, 214
자장 25, 27, 58, 61, 66, 222
장경각 176
장판각 176
전사청 176
전환 106, 114, 143, 182, 217, 223
정보화 사회 154, 195, 196, 216, 217, 218
정토사상 7, 9, 11, 13, 14, 33, 40, 49, 53, 54, 64, 65, 68, 70, 71, 72, 73, 77, 78, 79, 87, 101, 128, 151
정학 109, 110
제법무아 110
제행무상 110
제향시설 162, 174
조계문 106
조로 8, 42, 43, 44, 148, 186, 211, 212
조사당 12, 46, 51, 59, 126, 212, 213, 221, 222
존덕사 176
좌청룡 51
주공 167
주두 42

주심포 양식 7, 42, 211
중도 5, 29, 31, 74, 99, 100, 113, 115, 116, 197
중로영역 10, 14, 90, 95, 98, 103, 104, 111, 115
중생세간 90, 96, 97, 98, 103, 104
증여론 217
지모관념 53, 60, 76, 150
지석묘 61
지엄 25, 30
지정각세간 90, 99, 104
진신상주사상 25
진여 89, 92, 94, 96, 98, 103, 104, 138, 190

ⓒ

창건 설화 9, 13, 49, 52, 54, 56, 58, 70, 74, 75, 79, 80
천강신화 56
천룡팔부 57
천왕문 44, 106, 110, 122, 140, 170, 214
청암리 사지 123
체인묘 176
초제공 42
최치원 30
출목 첨차 42
취원루 173, 177, 183, 185, 186, 190, 202, 213, 227

ⓚ

쿨 미디어 195

ⓔ

탈해왕 61
탑돌이 201, 203
태허루 166, 167
택리지 55, 227
통도사사리가사사적약록 66
통불교 25
퇴계 이황 161
투영 216, 217

ⓟ

팔작지붕 41, 45
평지가람 130, 147
푸그리지 217
프로엑티오넴 216

ⓗ

하로영역 10, 14, 90, 91, 94, 102, 104, 105, 109, 110, 115
학가산 22
학봉집 166, 167
핫 미디어 195
항마변문 62, 77, 150, 151, 171, 199
해동화엄종찰 9, 12, 14, 22, 32, 53, 54, 83, 86, 149
해동화엄초조 7, 9, 54, 195, 210
해인삼매 5, 10, 14, 29, 85, 95, 96, 97, 98, 101, 103, 104, 105, 111, 112, 116, 117, 197
해탈 101, 110, 113, 114, 115, 116, 128, 180, 182, 184, 197
현수곡선 42
현세불 7, 10, 14, 22, 27, 31, 32, 33, 87,

▷ 인
   환

　　　　　　88, 90, 104, 105, 111, 112, 115,
　　　　　　116, 117, 133
현전지 89, 92, 104
형세풍수 142
형제봉 22
혜학 109, 110
호교자 57
화신 26, 39, 127
화엄강당 169
화엄교종 140
화엄일승법계도 5, 7, 9, 10, 11, 12, 13,
　　　　　　　　14, 16, 17, 21, 26, 29,
　　　　　　　　67, 85, 88, 102, 105,
　　　　　　　　116, 194, 210, 215, 216,
　　　　　　　　226, 228
화엄일승사상 10, 14, 27, 33, 85, 86, 87
화쟁 24, 25, 36, 226
환희지 89, 91, 92, 104
황룡사 57, 58, 125, 160
황룡사 9층탑 58
황룡사지 58, 124, 160
후림 8, 42, 44, 211

2018년 불국사DNA, 2021년 통도사DNA, 2024년 봉정사DNA에 이어
이번에는 부석사DNA를 출간하게 되었습니다.

책이 출판되기까지 정성을 다해 주신 분들의 도움이 있었습니다.
지면으로 감사의 글을 전합니다.

한주희 박사논문을 심사해 주신 김홍기·박수호·윤종국·임성훈 교수님 그리고
이 책이 엮어지는 과정에서 여러 논문을 다듬어준 이동일 교수님께 다시 한번 감사드립니다.
이상욱 학생은 이 책의 표지 디자인에 도움 주었습니다.
김현정·박혜령·서미경 님은 이 책을 교정해 주셨습니다.
앤북스 김태완 대표님은 책의 편집과 출판을 맡아 주셨습니다.

을사년(2025')6월 26일에 이 책을 출간하게 된 것을 기억할 것입니다.

문정필·한주희 두 손 모아 감사드립니다.